美玲さんの生活 super!

Contents ☆☆☆☆

CanCun in MEXICO!!

カンクンとはメキシコの
スーパーリゾート地でございます!
海の色はエメラルドグリーン?
みたことない色!!
この色だったら海賊がでても許す♡

美玲さんの旅。メキシコ

美玲さんの生活。
ついに地球の裏側に進出だーい!!!
日本を飛び出して計20時間の大移動!
ビューン
辿り着いたは ビバ☆メキシコ
Super! カラフルで
Super! 陽気で
Super! おいしくて
Super! ハイテンションー☆☆
そして super ゆるい 美玲さんの旅を
お楽しみあれ♡

タコス♡

チラ

"Loncheria Don Patón"
ごはんですよー

カメちゃんと
日光浴

ごきげん
キリタニ♪

この島では暑い日は
ハンモックで寝るんだって。
ミレイにもハンモックひとつ。

Hotel Cabañas
María del Mar
easy

超カラフルタウン

イスラ・ムヘーレス

カンクンから船に乗って30分。
おもちゃのようなカワイイ島に
いってきました♡

ぷりっちょ♡

かかってこいやあ！
この島の
ボス
OF THE
ON"
Sandwich

F THE
Sandwich

ちうー♡

HOM
TOST

México★ ¡viva! México☆ ¡viva! México★

¡viva! México★ ¡viva! México☆ ¡viva!

Hyatt Regency Cancunビーチ前
ラテンな
そよ風
VIVA
MEXICO

The Royal in CanCun のプール
メキシコでも キリタニ とびまーす!!!
とうっ☆☆
さよーならー。
プカー
ムー
ハー!!
ピューン
プールであそんじゃうもんねっ
おこちゃまだもんっ♪
あ、となり 空いてますよ。
んちゅ♪
んちゅ♪

チラリ

ナイス
カポー♥

「おひとりですか？」から始まる

映画『大人の恋のバカンス』

──そこは、大人の男女が集うという
ラグジュアリーなHOTEL。
The Royal in Cancun──

主演　桐谷美玲

撮影協力
HOTEL
The Royal
in Cancun
http://www.realresorts.com

あの、
声かけてもらっても
いいですか？

・・・。

ミレイのセレブイメージ。

uno

dos

tres♡

Oaxaca in MEXICO☆

カンクンから遠く離れた
小さな田舎町。
素朴で絶妙にゆるカワで
どこをとっても絵になる町。
みれいはのんびり
歩いてみました☺

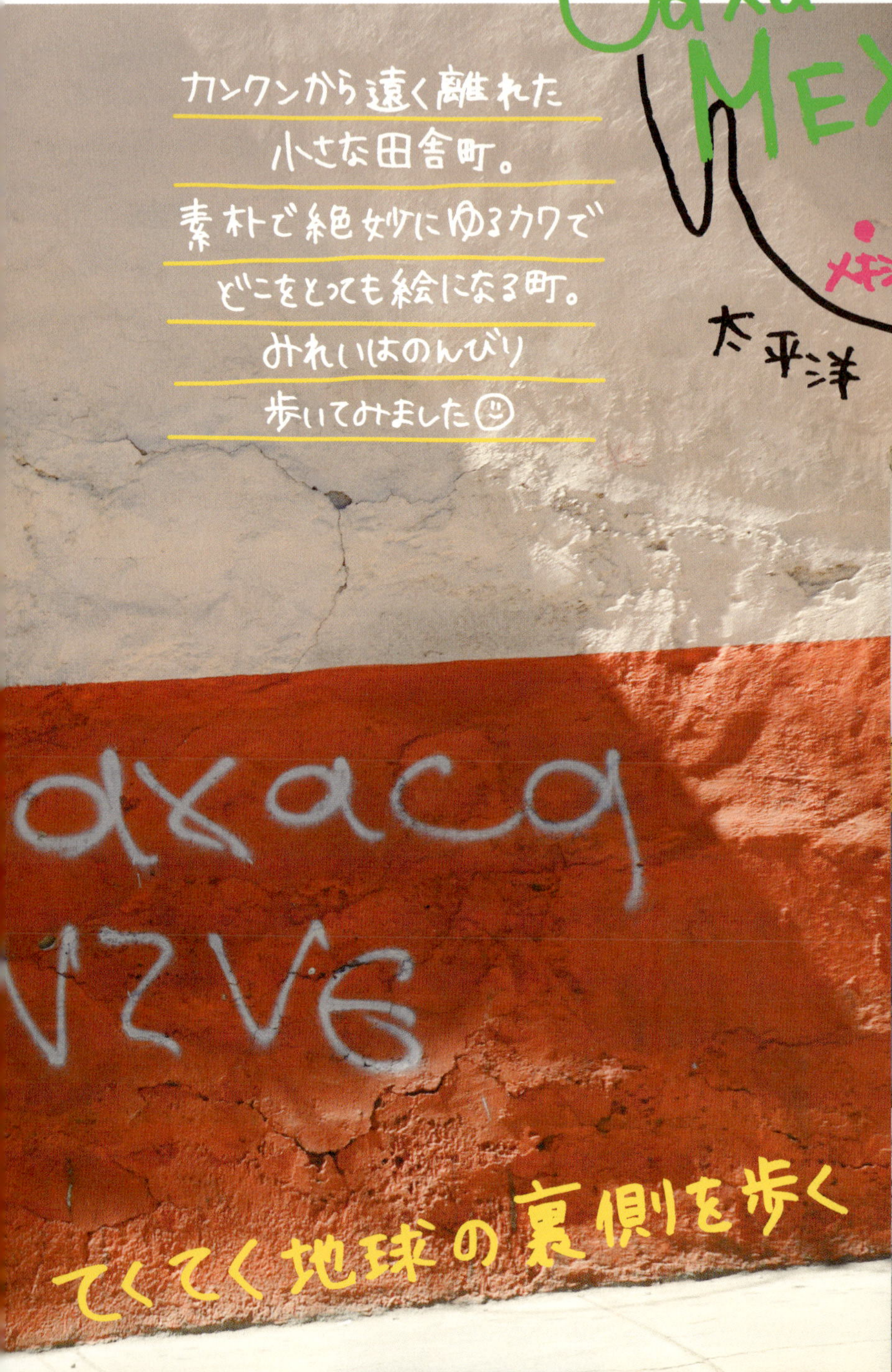

てくてく地球の裏側を歩く

オイラは～
旅人～♪

町中ガイコツだらけ。

死者の日

ちょっと怖い名前だけど死者の日は、
日本のお盆にあたる行事で
メキシコを代表するお祭りのひとつ。
ご先祖さまをお迎えして一緒に
うたったりおどったりするお祭り。
たまたまそんな日に訪れました。すごいっ!!
カラフルでファンキーな
ガイコツさんがいっぱい!!

油絵の中のミレイ。

笑顔がとびきりCUTEな食堂のおばちゃんが
お料理の作り方を教えてくれました。
(スペイン語で。)　…わからんちーん!
しょぼぼん('ω`)

Casa colonial
ハッピーカラーな
祭壇
死者の日に捧げるお花
マリーゴールドの仲間のセンパスチル。
この日、オアハカの町は
この花の香りで包まれる。

♡メキシコの動植物は個性的♡

CHU

何でもあり! 全部掘りだしもの!

ベニート・フアレス市場

buy!
かって
かって
カラフルがいこつさん
各種取りそろえて
おります♡
生徒
先生
ハデハデやでぇ〜
トウガラシの山
DULCES
$10
かって
もらった♡
食べ物も雑貨も
ぐちゃぐちゃカワイイ。
みてもみても
新しい物を発見。

メキシコで食べる

ひめほう☆
メキシコでも
たべるぜい!!!!
手よりデカイステーキ!!
トウモロコシに生えるキノコ入り。
肉
ライス
サルサ
フリホーレス
やさい
エビ
その場で
焼いてもらった
アラチェラを
まいてパク。
チーズカツレツ
んま♡
たべたかったのよ♡
タコス
トルティーヤに
好きな具をのせて
くるくるっと巻いて
たべる☆
ホテルの
朝ごはんも
タコス!
トルティーヤ

MESA
9

何だ キミたちは?!
そんなに みるなよーう。

市場で買ったもの。

パレードの仮装用!
かの有名な? フリーダ カーログッズ。

1本20円!
美玲は 30円!
TREBOL

チーズ
ボロネーゼに 大量チーズ
ラザニアも チーズもりもり!

ハラトラコ
町歩き
HOTEL
エビヘアー♡
ミレイの
メキシコの子ども
イメージ。
ハデハデ
シャカジャン

KODAK 400NC
KODAK 400NC-2

Iglesia de la Soledad

懺悔します。
今日、人のパンまで食べました。

泊まったホテルに
こんな素敵なかざりもの。

Hostal Casantica

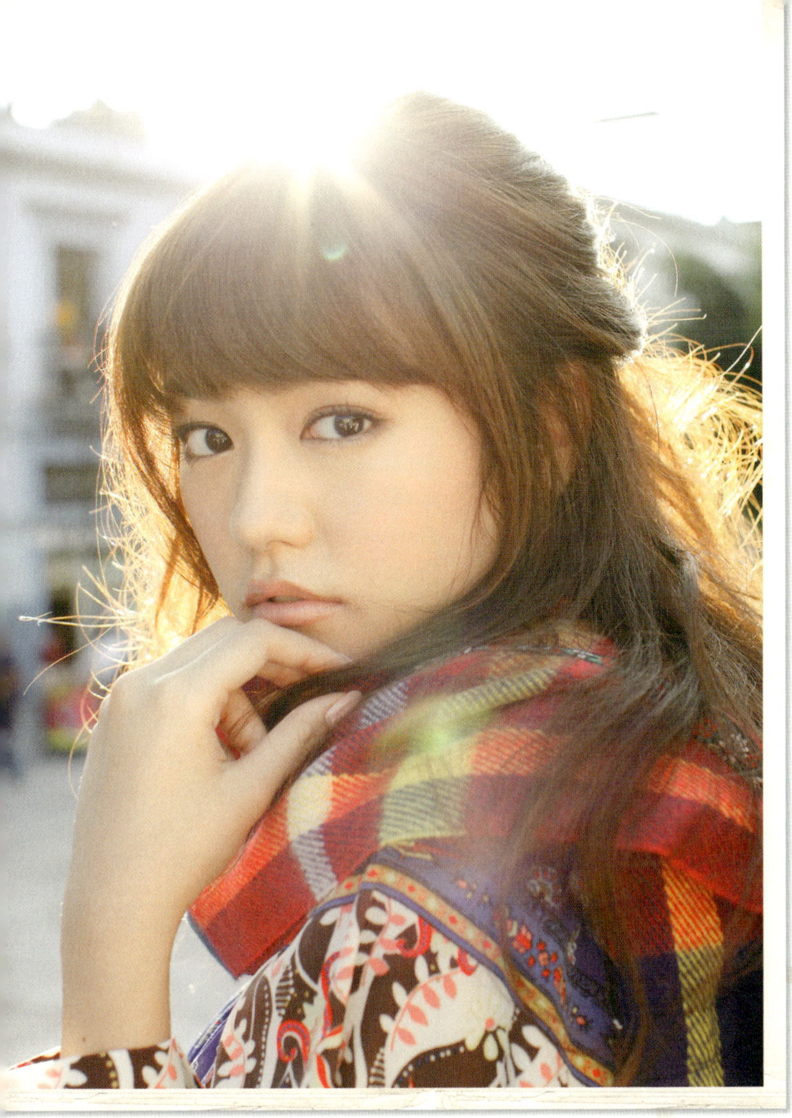

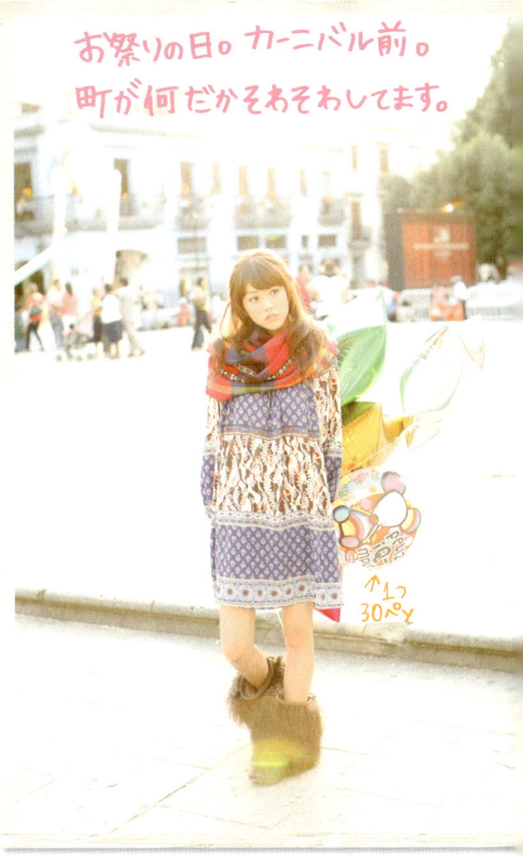
お祭りの日。カーニバル前。
町が何だかそわそわしてます。
↑1つ
30ペソ

町の中心地
ソカロ

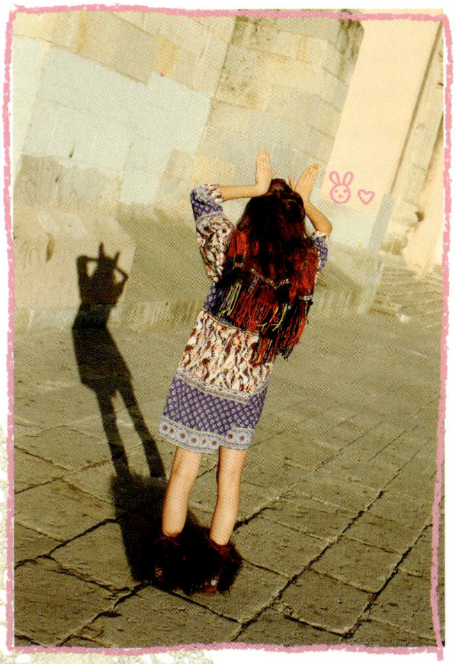

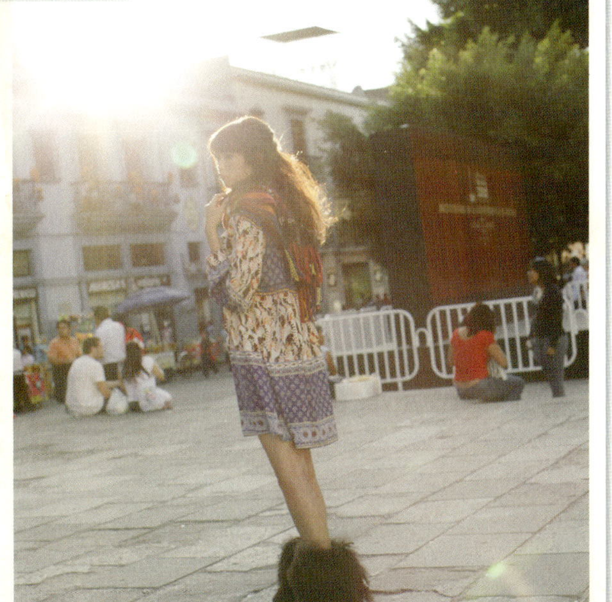

365日のうちたった1日だけ
出会える景色。
ろうそくの灯りに囲まれて
マリーゴールドの香りがした。

かいじゅうさんと
ダンス♪

夜のパレード

みんなが仮装して町をねり歩くパレード。
美玲も参加してみました。
市場で買ったポンチョと小花柄のスカートで
民族風♪　まざれてる？

小さなお友達が
できました。

ゾンビさんと
ダンス♪

巨大なお友達が
できました。

¡viva! ¡viva!

Fin

...all about mirei

About Mirei Kiritani...
profile, clothes, beauty, makeup, question and answer, history....everything!!

美玲さんのすべて。

Profile♡

名前……桐谷美玲（きりたにみれい）

生年月日……1989年12月16日

出身地……千葉県

星座……いて座

血液型……A型

趣味……食べること　寝ること　ネイル

特技……どこででも寝られる　ピアノ

家族……父　母　弟

ペット……チワワのらんさん（実家で）

チャームポイント……富士山くちびる

長所……わりと何でも楽しめる

短所……人見知り

良く行く場所……渋谷、原宿、新宿

好きな食べ物……からあげ　辛いもの

苦手な食べ物……パサパサした卵　しめじ　レバー

得意教科……国語　英語

苦手教科……数学　化学

座右の銘……継続は力なり

My items

バッグは何でも入るおっきめの、シンプルなのが好き。中身は、そんなに特別なものは入ってないです。が、ないと困っちゃうのはDS。わりとゲーマーなので♪　最近やってるのはポケモンホワイト。ポケモン世代だからねー。本は、結構前のなんだけど、久々に読みたくなって。動物に癒されたい気分？　メイクポーチにはお出かけ必需アイテムだけ入れてるよ。おさいふとかキーケースはブランドものにしてます。大人な感じがするかなと思って。と、いいつつ、キャラものも好き♡　キキララは、ほっこりパステルカラーがかわいくって最近とくにハマり中〜。

好きな本……伊坂幸太郎さんの本

好きな漫画……『君に届け』椎名軽穂

好きな映画……ディズニー映画、『パコと魔法の絵本』

好きなアーティスト……
SPEED、安室ちゃん、KGさん、MAY'Sさん

好きな曲……KGさんの『叶わない恋でも…』

カラオケ十八番……
『シャボン玉』モー娘。のセリフ部分のみ

憧れる人……
篠原涼子さん、鈴木えみさん

好きなキャラクター……
ミニーちゃん、キキララ

好きな季節……
春~夏のいちばんすごしやすい時期

好きな色……
モノトーン　パステルカラー

好きな香水……クロエ

好きなブランド……
FREE'S SHOP、snidel、rich、
JEANASiS、Heather

Body size

- 身長…164cm
- BWH…78cm　54cm　80cm
- 足サイズ…22.5cm
- 股下…82cm　♥ひざ下…42.5cm
- 太ももまわり…36cm
- ふくらはぎ…28cm　♥足首…19cm
- 腕の長さ…75cm　♥手首まわり…13cm
- 肩幅…35cm
- 指のサイズ…中指7号　小指4号
- 顔の長さ…18.5cm　♥顔横幅…12cm
- 目の幅…たて1.8cm　よこ3.5cm

ll about Mirei

1

カーキにデニム。間違いなく、コレthe美玲さんコーデ

なんてことないのにハズさない感じ？　すき♡　ミリタリーコートは大好きなsnidelの。絶妙な丈感と、ボリューミーなファー＆裏ボアがよし！　かなりの使えるコちゃん。白ニットはHeather。すけ感がポイント。デニムショーパンはDeciousだよ。

ゆる甘
casual

All撮り下ろし私服コーデ！

MIREI's Favorite style 30

クローゼット空っぽになっちゃうくらい、いつもの服マジ見せです♡
ゆるっと甘くて、ラクちんが一番。気分はちょっぴり、オトナめかな。

khaki

ちょっとハヤリにのっちゃって、
カーキを投入しまくりの今日この頃です。
ボトムに取り入れるのが今っぽい。

2

I'm so hungr
ice cream,ham
chocolate,c

カーキと赤。最近の気になる色をカップリング♡

赤チェックに、デニムじゃなくてカーキってのが今の気分。カーキのショーパンは、カジュアルにVENCE。ミエル=クリシュナの赤チェックコートは、新鮮だけど、ちょっと挑戦してみたくなった。甘い要素のケーブルニットはアクアガール。

3

ミリタリーだって白ワンピあわせて甘辛にしちゃうよ

これまでだったら、白ワンピにはついついモノトーンを合わせがちだったところを、カーキに。これでさりげに、脱・モノトーンに成功。Smaddyのカーキのニットはちょっぴりミリタリー風味。中にきてるシフォンワンピとセットだよ。

4

ロングシャツに細身ワークってのが最強、ゆる+細！

FREE'S SHOPのワークパンツは細身でシルエットがめっちゃキレイ♡　それにこのゆるっとしたタイつきのロングシャツが相性よし♪　イーボルのオックスフォードシューズでさらにオトナっぽ気取りだよん。

5

ちょいちょい女のコディテールで甘口仕上げ♡

女のコ風味なぶりっとレースの袖が超ツボなsnidelのボーダートップスに、甘甘防止のために、titty&Co.のカーキのショーパンを合わせてカジュアルダウンしてみたよ。ショーパンがちょっとたぼっとした形なのが、美玲っぽいかな、と。

BORDER

美玲の好きなボーダーの条件は、あいまいカラーでちょっと細め。主張しすぎないのが落ち着くわー♡

9

モノトーンコーデのアクセントに赤バッグをON！

American Slashのロングニットカーデは、ちょっとタイトなのがオトナっぽいかなーと。そんな気分でsnidelのハイウエスト黒ショーパンに、dazzlinのロゴTをインしてみたよ。アクセントにした赤ポシェットはシー バイ クロエ。

6

やさしげカラー&たぽっとシルエットでゆるりんちょ♪

snidelの淡いカラーのマルチボーダー柄オールインワン。とにかく、しめつけ感ゼロの、つながってる形が大好きなんです～♡　そして、夏でもブーツはいちゃうのがポイント。「脚出してます！」って感じがしないでしょ。

7

ゴージャスコートはゆるボーダーでハズしてこー。

すんごいふんわりファーのrichのコートは、まんまオトナに着ちゃうより、ちょっとハズして着たいから、同じくrichのゆるめなボーダー柄ニットのオールインワンをチラ見せしてみた。

8

グレーベースの甘さもアピれる細ボーダー

しっかりボーダーってより、ちょっとあいまいな色の組み合わせが好き。ワンピ１枚でシンプルすぎる感じがしたら、そのときはメガネの出番。ちなみにrichのワンピはサイズ感がほんとに美玲にぴったりなんだ♡　そりゃ、ヘビロテしちゃいますよね。

Denim

困った時のデニムさん♪　ってくらい、とにかく、どんなテイストにでも合うスーパー万能アイテム！

12

超ヘビロテ ベスト オブ 花柄です♡

色違いでロンパースも買っちゃったくらい大好きな花柄！　背中があいててちょいエロなのがさらにツボ。そして露出の際は、やっぱりブーツが一番。ちょっとごつめのTOP SHOPのショートブーツでバランスとって。

11

鉄板！ ザ・ゆる甘 デニムコーデ

白コットンとデニムはですね〜、最強なんですよ。たぶん。簡単だけどハズさない感じ？　白トップスはFREE'S SHOPので、デニムショーパンはおなじみのLeeのだよ。チェーンバッグで大人っぽさも足してみました。

10

初めて、本気のボーイズデニム買いました♡

実は、ちゃんとしたボーイズ買ったの初めて！ ISBITのなんだけどラクちんだし、なんか意外とオトナに見える気がする。あわせたゆるニットはALBA ROSAの。雑誌で見て絶妙な色とゆるシルエットに一目ぼれ♡

mini-skirt

ここぞ、って時はやっぱしミニ。とくに白コットンのミニってさわやかさもプラスされていい感じ♪

14

このまま海に行けちゃいそなさわやか女子的な?

さわやかカラーのチェックシャツはSmaddy、使いやすい白ミニはLOVE BOAT。この、シャツを前できゅっとしばるのって、モテポイントってセブンティーンで書いてたから、ちょっとやってみた(笑)。

13

勇気を出して！ 美玲さん渾身(こんしん)の肩だし勝負CD☆

ちょっとボリュームのあるニットレースミニはAuntie Rosaの。そしてこの肩出しミックスニットはISBIT。しかし、残念ながら、まだこのコーデをくり出す機会がないんです(涙)。

Sunglasses

オシャレ、日焼け防止、すっぴん隠し、の使えるアイテムちゃん♡
マーク BY マーク ジェイコブスのが、キリタニの顔がフィットするみたい。

a、b、c全部マーク BY マーク ジェイコブスの。3つとも海外に行ったときに買ったよ。シンプルでなんにでも合う感じとか、つけごこちとかがツボすぎて、すでに3つめ。似てるのを買っちゃう病、発揮中〜♡　旅行とか、すっぴんで学校を行くときの大事なお供。

15

「フードかぶって
濃いめのグラサン。
キブンはLAセレブっ☆

ラフな小花柄のコットンパーカにグラサン足した、がんばりすぎてない感じが、なんかちょっとセレブっぽくない？　つっても、フードかぶったままあんまり歩かないけどね(笑)。」

16 Cap&Hat

朝、寝坊して髪がイマイチでも、お洋服がなんだか
物足りなくっても、このコたちがいれば安心でーす♡

ⓐ自分の中のハットブームに乗って WEGOで買ったよ。カジュアルな服のアクセントに。ⓑ夏っぽいハットを探してたら、サイズ感がぴったりのこやつに出会った。ⓒ千葉のmoussyのセールで￥1000円だった！ ラッキー♪ ⓓ rosebulletだよ。すっぴんのときの顔隠し用にぴったし。

ⓔ今シーズンの新入りちゃん。さりげラメ入り。beberoseで買ったよ。ⓕ誕生日にマネージャーさんにいただいたの♡ ⓖ前に出演してたBS-TBSの番組『激モテ！セブンティーン学園』の収録中にラフォーレで買ったの。ⓗミエル＝クリシュナのグレーの万能ニットキャップ。ⓘbonica dotのスタッズつきフェルト素材ベレー。ちょっとプレッピー風にもかぶれるよ。ⓙAuntie Rosaので、ニットのめずらしいMIX具合がお気に入り。ⓚリボン好きにはたまらない1品。Plush&Lushのでマフラーとおそろい♡

Head accessories

ⓐイヤマフ初挑戦！ ニット×ファーのコンビが気に入って。あったかわいくてヘビロテ中～！ Plush&Lushのだよ。ⓑヘアメイクさんの、手作りのモコモコニットシュシュ♡ ⓒ、ⓓリボンのヘアアクセはなんだかつい買ってしまってたくさん持ってる！ ヘアゴムならちょっとおっきいくらいがカワイイ気がする。

モコモコムートンにあえてのモヘアで冬のふわモコ女子♡

C.C.CROSSの長めのダッフルムートンコートに、さらにモヘアキャップをON！ 最強のふわモコ感だしちゃうよ～♡ PAGEBOYの渋めのオルテガ柄のスカートで今年っぽさをプラスしみたよん。

POP

シンプル派の美玲のコーデの中では、珍しいPOPさんたちをご紹介。ボーイズに着こなすのもなんか気分。

18

最近の美玲さんは何やら赤が気になるご様子です。

そうなんです。小物では取り入れてたんだけど、最近は洋服もありだなーと。ハンパ丈のベージュのチノパンにウイングチップシューズ、黒ぶちメガネをかけて、オサレボーイ風に仕上げてみました。ちょっと新鮮。

17

カラフルなミッキーさんにキュンキュン♡

LDSのカラフルバックプリントのミッキーに、一目ボレ♡　ミエル＝クリシュナのグリーンのチェックスカートにインして、やんちゃプレッピーな感じ？

Flower

花柄といえば、前は黒地ばっかりだったけど、最近はもっぱら薄色傾向。ゆるっ、淡って雰囲気がいいみたい。

20

色はちょい渋。形は甘めの絶妙バランス

snidelのオールインワン。花柄でもぶりっとしすぎない色味がとっても落ち着く♡　あと、基本的につながってる形が大好き。サンダルはヒール高めウエッジで脚長効果♪

19

夏のスタメンゆるっと花柄オールインワン

フロムファーストミュゼの花柄シフォンオールインワン。セブンティーンの夏の私服企画ではスタメンでした。ざっくりしたかぎ編みのロングジレを合わせて着るのが定番。

Shoes&Boots

靴は、服に合わせやすい色・形が、一番やでー。ってことで、
美玲の靴ラインナップはベーシックなのが多いのです。

j

i

c

b

a

k

i グレーのロングブーツってカジュアルにもいけてホントに使える！　Heatherのだよ。j ハイカットスニーカーにボアがついててキュン♡　k TOPSHOPのスタッズつきショートブーツ。かーなーりのヘビロテ。l 色が女っぽくて春にぴったり♪　でもヒール太めで歩きやすい優秀なコ。BABY PUREだよ。m snidelのファーつきサボ。足元にボリュームを出したいときに◎。n これもsnidel。スタッズ&フリンジつきでエスニックなコーデも相性よし。

f

e

d

l

h

m

n

a なんと、ZARAのセールで衝撃の￥1000でゲット♡　デニムの切りっぱリボンがツボ。パンプスが苦手な美玲もこれならいける。b ハヤリのオックスフォードシューズ。BABY PUREだよ。パンツとかオールインワンに合わせることが多いかな。c キャメル色のモカシン。果てしなく楽ちん♡　d これもZARAのセールで￥1000！　ペタンコ&リボン好きだから、超好きな感じ！　e 使える黒のコンバース。ロンスカに合わせるとこなれ感でるよ。f ころんとかわゆい、FREE'S SHOPのボアつきショートブーツ。カジュアルすぎないで、きれいめにもはけるトコがいい。g ミネトンカのミドル丈のブーツが古着屋さんで￥5000くらいで買えたの。ラッキー。h 伊勢丹で買ったウエスタンブーツ。黒でもグレーでもない絶妙な色で、すんごくあわせやすい万能ちゃん。

g

Accessories

ハート、リボン、ゴールド。美玲の
アクセ3大胸キュンポイント。基本的
に甘めできゃしゃなのが好き。

a

b

a ハート2個、ストーン1個のきゃしゃ3連リング。プチっとしてるの好き♡　Plush&Lushのだよ。b カジュアル気分でニコさん。黒ってのが子どもっぽくならないヒケツ。c さわやかパステルハートちゃん。春〜夏にぴったりんこ。

c

21

黒トップスに おっきめお花の アクセント

シンプルなトップスにはおっきめのアクセで味つけ。リングは今まであんまり持ってなかったけど、ちゃんとしたアクセしてるの、オトナな感じがするな、って思って。

Glasses

もはや美玲コーデにはなくてはならないアイテムとなりました。でも基本全部￥1000。

a やわらかい印象になる、ほどよい茶色。すこしおっきめサイズ。b サイドにピンクの♡がついてるのがポイント。おちゃめ感だせちゃいます。c アラレちゃんめがねっぽい形。ちょっとイマドキ風になる気がします。d デキル女風になる？　ちょっと細めの黒ブチ。

22

ハートがちょこん♪ メガネからゆるビーム♡

nadesicoのあいまいボーダーな淡色カーデにゆるおだんご。脱力感あふれるコーデにぴったりのキュートなハートメガネをプラス！

23

いつもなコーデをメガネで格上げっ！

beberoseの白黒ボーダー＆ダブルクローゼットの黒ショーパンに、FREE'S SHOPのベージュのモッズコートをONしたいつもコーデに、メガネをプラスしてこなれ感アップ。

24

オトナコーデに細めメガネでいい女風♡

titty&Co.のカーキの細身のオールインワンと白のシフォントップスの鉄板コーデは、細めの黒ブチのメガネでいつもと違う雰囲気出して、お、って思わせる作戦なのです。

i ナナメな角度がカワイイ黒のハートフープピアス。 j LOVEロゴとストーンの２連ネックレス。LOVEのOが♡になってるの！ k AHKAHの赤プチハートネックレス。連載をずっと撮ってくれてるカメラマンさんからのお疲れ様プレゼント。いつもお世話になってます♡ l Plush&Lushのロングネックレス。コーデのポイントにしてるよ。 m キュートなギンガムチェックの赤リボン。プチっとストーンもついてマス♪ n、o ティファニーのピアス＆ネックレスセット。オトナになった気分で。 p リボン好きのココロをゆさぶるデザイン!!　他にない感じがたまらんちんです!!

d AHKAHのプチクロスネックレス。単行本第１弾の発売お祝い♪ e ハートのダイヤがついたキーネックレス。 f 夏にぴったりのクリアリボンピアス。 g ハートのプチピアス。かーなりのヘビロテちゃん♡ h さわやかなパステルハートが２個並んだしゃらりん♪なロングピアス。

Bag

ふだん使いには、ちょいおっきめの
ベーシックカラーが多め。
オトナっぽいチェーンもヘビロテ中。

f 最近ゲットしたのに、なんか前から持ってそうって言われた(笑)。何にでも合うPlush&Lushのおベンリバッグ。g snidelのでめちゃ使いやすくて、夏にずっと使ってたなー。カジュアルな布×チェーンのギャップがよいの。h いっぱい入るから冬に大学に行くときに活躍♪　リボンとのオトナ甘い色の組み合わせがツボ♡

a 小さい頃おばあちゃんに買ってもらった思い出の品。ちょこっとしたときに持つとかわいいの。b マーク BY マーク ジェイコブスの。初めて自分で買ったちゃんとしたブランドのバッグ。すごく大切に使ってるよ。c ファーつきのかご、ずっとほしくてPlush&Lushで見つけて即買い。モテそうじゃない(笑)？　d シー バイ クロエのポシェット。ハワイロケに行ったときに買ったよ。モノトーンの服が多いから、さし色にと思いまして。e お誕生日にお母さんが買ってくれたハニーサロンのオトナめバッグ。

甘めディテールのちょっとオトナなチェーンにハマリ中

モノトーンなコーデなのに何だか甘いでしょ♡　リボンがポイントのPlush&Lushのキルティングチェーンバッグがオトナスイートな気分にぴったりんこ。

30

めちゃ美玲、なゆる甘モノトーンの決定版☆

abc une faceの羊ちゃんみたいなモコモコショート丈トップスにPinky Girlsの黒ショーパン、細リボンがポイントのPlush&Lushのニットキャップ&マフラー。それに同系色のアーガイル柄のニーハイソックスを足して地味なコ防止対策！

27

ロンスカのゆる×ゆるの夏バージョン！

SWORD FISHの白コットンのロンスカに、deicyのショート丈のゆるトップスをON。白のロンスカはそれまで持ってなかったけど、着てみたらハマった！ なんか、甘めなのも着てみたい気分みたいデス♡

26

ゆるポンチョあえてゆるっとあわせたよ(五七五)

前から持ってるALBA ROSAのブロックチェックのロンスカに、最近SHIPSで買ったファーつきのふんわりニットポンチョを合わせたゆるゆるコーデ。

Long♥skirt

ゆるりんなロンスカを、ゆる×ゆるバランスで着るのが好き。

28

ドットとリボンの好きなものWパンチ〜♡

Secret Magicのドット柄オールインワンは、モノトーンだけどリボンもついてて、クールになりすぎなくてステキ。チェーンバッグ持ってオトナっぽ意識。

29

白ファーはデニムでカジュアルダウンして

C.C.CROSSのファーベストとrosebulletのラメ入り黒シフォントップスのオトナあわせを、ユニクロのラクちんレギパンでカジュアルに落としこむよ。キメキメはやなのー。

ま、なんだかんだいって、美玲ぽくっておちつくのは、やっぱモノトーンだったりして(笑)。

Mono-tone

Beauty

美玲さんのキレイのひみつ♥

いい香りにつつまれて、肌うるおって、むくみナシ。
ってのが、美玲のキレイの目標です！
できることをムリせずちょっとずつ。

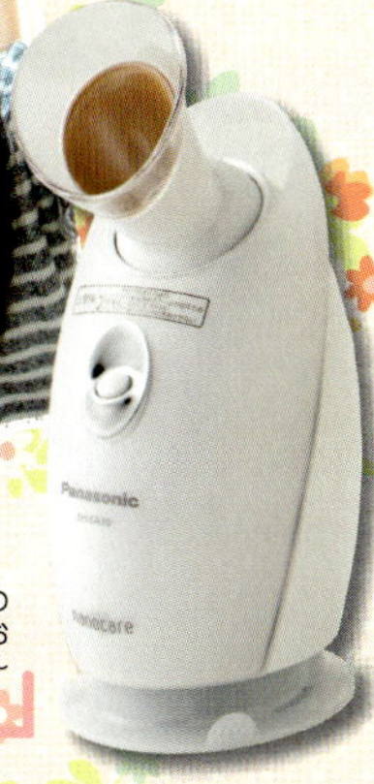

「潤いちょうだい
ナノケアちゃん♡

超乾燥女なんです、ワタシ。なので、パナソニックのナノケア。お風呂上りに使ってます。しゅわ〜って、とっても気持ちイイの♡」

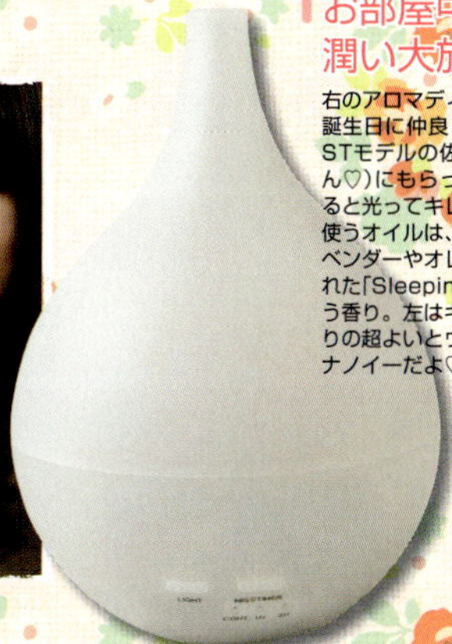

「お部屋中に
潤い大放出中〜。

右のアロマディフューザーは誕生日に仲良しのありさ(元STモデルの佐藤ありさちゃん♡)にもらったもの。つけると光ってキレイなの。よく使うオイルは、よく眠れるラベンダーやオレンジがMIXされた「Sleeping Body」という香り。左はキリタニ家新入りの超よいとウワサの加湿器、ナノイーだよ♡」

a

b

c

「疲れたときは
いい香りで癒されたい♡

そんなお年頃のキリタニです。けど、かわいすぎて使えずに飾ってるのが多い〜。a TOCCAのキャンドルは引越し祝いで頂きました。置いてるだけですんごいいい香り。b ESTEBANのお香。映画『ランウェイ☆ビート』の撮影のヘアメイクさんに頂きました。c Swatiのキャンドルはちっちゃいハートのキャンドルがビンにつまってて、ビンに入ったまま火を点すの。見た目もカラフルでキュートなの。」

「クリーム各種
取りそろえて
おります♪

乾燥肌なので。ハンドクリームは必需品。右からLa Sinfonia、ジュリーク、ロクシタン。1番左のElizabeth ArdenのEight Hour Creamはいつも持ち歩いてて、リップ代わりにも使ってるよ。」

「寝るときには
キュキュっとね☆

脚がすぐむくんじゃうから、寝るとき用のメディキュット使ってるよ。ほどよいしめつけ感がクセになるよ！　ピンクと黒のカラーがカワイイでしょ？」

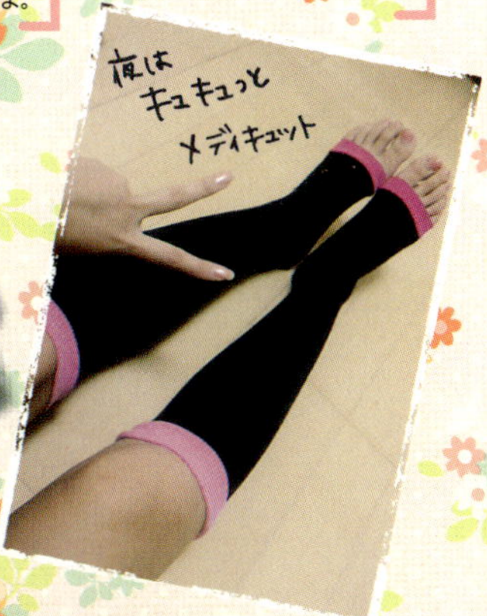

My favorite items...

「佐伯チズさまの
大判コットンの
パックが効く！

顔幅サイズとフィット感が、さすがって感じ♡
疲れたときにやってます。でもパック中の覆われた顔は……ちょっと怖い！」

「コロンとしたカタチに
女のコは弱いんです♡

←イヴ・サンローランのオードトワレのパリって香水。このカタチとガーリーな薄ピンクにやられたっ。かざってると棚が何だか女のコっぽくなるよ。」

「いい香り=
いい女の法則
な気がする♡

クロエのオードパルファムとボディークリーム。見た目も、つけても幸せなキモチになれる、ステキアイテムたち。やめられなくてリピート中。」

「プーさんが
いやしてくれますー。

ハウス オブ ローゼのハンドクリームとバスボムのセット。さわやかレモンの香り。プーさんのイラストがなんだかほっこりしちゃいます。」

「パッケージに
キュン♡→
香りにキュン♡

この宝石箱みたいなMORのバスクリスタルは、映画『君に届け』の撮影の時に、原作マンガの椎名軽穂先生に頂いたもの。その時、美玲の演じたくるみの似顔絵もかいてもらえて超感激でした！」

「細かい作業
意外と好き
みたい♪

時間があるときは自分でネイルアートするよ。フレンチをアレンジすることが多いかな。上のは映画『トワイライト』の吹き替えをしたときに、ヴァンパイアをイメージして。下のは、ラメを重ねたりして、1本1本違う変形フレンチにしたよ。」

「ネイルはいつの間にか
めっちゃ増えてた〜！

ピンクはやっぱ鉄板だからたくさん持ってる！　あと、すきな色はパステルと、フレンチのラインにつかえる細筆ラメ。DHCのラメは筆が細くて書きやすいよ。RMKは早く乾くから急いでるときにオススメ。」

「リピ２本目の
ボディーミルク

このパッケージにトキめかない女子はいないってくらいかわいい、ジルスチュアートの花の香りのボディーミルクとバスソルト。すごく好きで、ボディーミルクはすでに２本目突入〜。」

Beauty

「美玲さんの私物コスメでセルフメイク。」

かんたんすぎてごめんなちゃい♡

いつもの美玲流メイク方法を、実際に使ってるコスメで、ベースから仕上げまで一気にお見せしマース！　とっても簡単なのです♡

ベース

化粧水として、ジュリークのRosewater Balancing Mistを顔全体にふって、お肌を整えて。うるおいを与えておくとメイクののりがUP。

ジュリークのCalendra Creamを化粧下地として使っているよ。両手に広げて顔から首までマッサージ。リンパを流してむくみとり♪

コンシーラーはローラ メルシエのシークレットカモフラージュ。中指にとって、クマとか気になるところにたたき込むよ。

RMKのリクイドファンデーションの103の色。親指のつけ根のくぼみに出して、手で顔になじませてくよ。

アイメイク

ルナソルのスキンモデリングアイズというパレットのBeige Beige。アイホール全体にパレット右上の色をブラシで広げて。

同パレットの右下の色を、目のキワ、二重の幅に、チップで広げて。目の下の目尻側にも足します。４色のうち２色しか使いません♡

そして、ラインを引く前にビューラーをするのがキリタニ流。一生懸命ライン引いて、ビューラーで取れちゃうのがやなんだもーん。

大事なラインは、まずアヴァンセのリキッドライナーのブラック。幅は、まつげを埋める＋αくらい。目尻からちょっと長く出すよ。

マスカラもこだわりの２本使い。１本目はメイベリン ニューヨークのディファイン ストレッチ ウォータープルーフのブラック。

２本目はヘレナ ルビンスタインのラッシュクイーンウォータープルーフのブラックでボリュームを出すよ。下まつげも忘れずに！

チーク

チークは無印のフェイスカラーのローズとオレンジの２色MIX。混ぜ方は……適当！　ほお骨のあたりに、くるくるふんわりまあるく。

まゆ

まゆはオーブのデザイニング アイブロウコンパクトのBR812。描くというよりは、薄いところを埋めるくらいのイメージ。

Beauty

でーきた☺♡

キリタニ完成♡

所要時間15分！

パフでおさえて…

ローラ メルシエのLoose Setting Powderをパフでおさえて ON。パウダーが細かくて、さらさらに仕上がるよ。これでベースは終了〜。

ぼかしまーす！

デジャヴュのブラウンのペンシルライナーでリキッドのボコボコをぼかすよ。この２本使いでくっきりラインのでき上がり。

リップ

保湿して…

まず、Elizabeth ArdenのEight Hour Creamで保湿。仕上げはイヴ・サンローランのルージュヴォリュプテの#01。色んなヘアメイクさんが使っているステキカラーだよ。これで美玲唇完成〜♪

大好きなピンクベージュ♡

ふじさん口の完成★

みんなの質問一気に答えます!!

美玲さんのQ&A

これまで連載によせられた質問に、この機会に一気にお答えしちゃいます！　ゆる～く気の向くままに答えてるので、かなり自由な感じで並んでおります！

Q 「幸せ～!」って思うトキは?(なおちゃん)

A もちろん、**寝る瞬間♥**

なので、1日に何度もおとずれます♪　キリタニ、幸せ者♡

Q 大好きな彼にフラれたらどうする?(美穂)

A 泣く。引きずる。で、開きなおる。

その後、恋活を始める。

Q 1日○○長になるなら?(ミシェル)

A 編集長。

でも編集長席に座って編集部を見回して、ふむ、って言ったらたぶん満足。

Q 自分を漢字1文字で表すと?(チロル)

A 楽。

つねに楽しんでいたいし、楽して生きたい。そして、なんかみんなが一緒にハッピーになれそうな漢字だから。

Q 好きな顔文字は?(日采子)

A (´・ω・`)しょぼーん顔です。

恋愛マスターの友達が、これはモテる絵文字だと言っていました。しゅん、とか、しょぼぼんとかつけるとさらに効果大らしい。ただ、効いてるかはナゾ。

Q 男のコにドキッとする瞬間は?(はな♡はな)

A 頭をくしゃくしゃとかポンポンってされたとき。

も──、やばい──。さーれーたーい──!!
これね、絶対、男子のモテクですよね。

Q おばあちゃんになったら何してたい?(ゆみ☆)

A ブロガー。

パソコンとかケータイをバリバリ使いこなしてね。タイトルはやっぱ「おばあちゃんの生活。」。

Q 寝るときはどんなの着てる?(ニコちゃん)

A 案外かわいいの着てますよ。

ジェラート ピケとか、FOREVER 21のとか。

Q もらってうれしいおみやげは?(優香)

A ご当地の変な靴下。

使える度No.1!　その土地ならではのゆるキャラだったらサイコー!　変であればあるほど見せびらかしたくなるね。

Q ウルトラマンの中で、戦う相手の怪獣になるなら?(かりんとう)

A カネゴン。

なんかホントの悪じゃなくて、ちょっと情けない感じがいい。カネゴンは1日3150円食べないと死んじゃうらしいの～。(突然のおねだり♡)

Q 1か月お休みがあったら何する?(Maki)

A まず手始めに、**温泉でのんびり。** そして、**ハワイに行く。**

普通すぎ?　だって、仕事じゃなくて行きたいんだもーん。

Q サンタさんからもらってうれしかったプレゼントは?(Mo☆Ko)

A スーパーファミコン。

これがキリタニとゲームとの最初の出会いでした。(遠い目)

Q 初恋はいつ?(モリモリ)

A たしか、小学校2年生のとき

のクラスメイト。クラスの女のコがみんな好きだった、みたいな男のコだったなー。告白?　もちろんしてませーん!

Q ディズニーランドで絶対に乗るアトラクションは?(君届LOVE♡)

A スペースマウンテン。

ひたすら上を見ながら乗るのが、キリタニ流乗り方。(後ろの人の邪魔にならない程度にね)星が見えてキレイな上に、前にどう進むかわからないスリルを味わえる♡

Q 恋愛と仕事どっちを優先する？（ヤマ☆）

A 恋愛すると、たぶん
仕事はもっとがんばる！
だって、恋愛することで、仕事にプラスになるようにしたいもん♡（⬅想像上）

Q フルーツに変身するなら？（はーさん）

A バナナ。
1年中あって、
1本で栄養満点。えらいコです！
でも、もしや、もしかして、
皮をむかれる……!? キャ♡

Q らんさんのたまらなく好きなトコロは？（いちご☆すずらん）

A 足のニオイが臭いトコロ。
ピーナツのにおいがする。犬は足裏しか汗腺がないらしく、臭いの。でもそれが好き。よくくんくんしてます♡

Q やってみたいバイトは？（りょう）

A カフェの店員。
なんかおしゃれ♡ そして、絶対にバイト内恋愛が生まれるでしょ！ それはやるしかない。

Q ラジオ体操の好きな動きは？（ロコロコ）

A 最初の屈伸。

やっぱり大事なのは出だしの部分でしょう。ホラ、恥ずかしがらずにしっかり脚を広げましょう！ なにせ、高校の頃、かなり真剣にラジオ体操やってましたから。（得意げ）

Q 焼肉屋で必ず頼むメニューは？（里緒菜）

A ホルモン。
おっさんと言われようと頼む。おいしくないですかー？ かんでもかんでも味が出てずっと楽しめるしね〜。

Q 好きななわとびの技は？（KITTY♡）

A 後ろあやとび。
うますぎて、小学生の時、学校のなわとび大会で1位になった！

Q モデルをやっていなかったら何の職業になってたと思う？（ゆりえ）

A ネイリスト。
細かい作業が意外と好き。
と、いいつつ、平気ではみ出したりしそうだから、それでもよければぜひ、いらして。

Q 靴下に穴が開いてることに気づかず登校。体育の時間どうやってしのぐ？（せりな）

A いさぎよく見せる！
そして「一足早く春が来たから芽が出たの」と言う。（なぜか地元では定番の言い訳でした）

Q 好きなおみそ汁の具は？（千花）

A 大根と油揚げのコンビネーション。
大根さんのしゃきっと感と、油揚げのじゅわーっと感の絶妙コンビプレーはキングオブみそ汁☆
でも冷凍やけした油揚げはNGね。

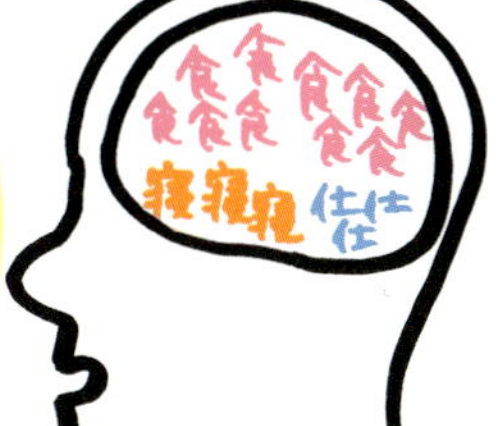

Q 美玲さんの脳内比率は？（ムーさん）

A ⬅こんなかんじ。
頭の中の半分は食べ物。
あっ、半分超えてた……♡

Q 1日どのくらいケータイメールしてる？（まっちゃん）

A メールはあんまり来ない。
しょっちゅうケータイはいじってるけど、これはメールではなく、ネット検索。

Q なってみたいお寿司の具は？（みい）

A いくら。
赤くつやっとしててキレイ♡
切り身みたいに切り刻まれずにそのままの姿だし。と、いうか、おいしいから好き♡

Q 好きなひらがなは？（パッサン）

A な
全体的なバランスがかわいい。
というか、この質問自体が、新しいねっ。

Q ぷらっと行きたくなる場所は？（ANNA）

A 渋谷TSUTAYA。
とりあえず6Fで雑誌を読みあさり、5Fで一度トイレ休憩。4Fで邦画のDVDをチェックして、2Fのスタバで落ち着く。これ、定番ね。

Q もし魚に生まれ変わるなら？（美代子）

A しゃけ。
だって、いくらのお母さんだから♡ って、どんだけいくら好き!?

Q もし魔法が使えたら何をしたい？（さちの）

A 20代以降、年を取らない体にする！
いつまでも若くキレイでいたいもの♡ って言ってるのがババくさい!?

Q 会ってみたい戦国武将は？（ありさ）

A 織田信長。
とにかくカッコいい。何でも最初に取り入れちゃうトコとか尊敬しちゃいます。ただ、ホントに会ったら、キリタニ殺されちゃいそう。ちなみに、もう一人会えるとしたら、牛若丸（源義経）。どんだけ美少年だったかを見てみたいデス♡ でも会って恋しちゃったらどうしよ〜〜。

Q 王子様がいそうな場所は？（miki）

A スペイン。
スペイン人はカッコいい人が多い気がするんです（真顔で）。なんか顔のタイプが美玲の好みっぽい（真顔で）。

Q 好きな効果音は？(絵里香)

A ぽっ。

高校の時に、名前を呼ばれたら「ぽっ?」って言って振り向くのがハヤってたの。別に照れてるとかではなくて、素で「ぽっ?」って言うの。

Q すきなご当地キャラクターは？(♪すみれんこん♪)

いわずもがなの

A チーバくん。

千葉出身ですから。なんと千葉国体2010のキャラクターから、千葉県のキャラクターに昇格したの♡

Q 好きな感触は？(みさ☆)

A ぷにぷに感。

特に、ほっぺ、わき腹、犬のたぷたぷした部分。ずっと触ってた〜い♡ってなる。そして、大体嫌がられる。

Q 友達で多い血液型は？(ゆうゆ)

A O型。

「ま、いっか」ですむ仲間はO型が多い(笑)。でも昔からの親友はＡＢ型。ちなみにミレイはＡ型だけど、母Ｏ型、父ＡＢ型。だからかな。

Q 主人公になってみたいアニメは？(ヤット)

A 『美女と野獣』のベル。

けなげでかわいくて、ディズニーのプリンセスの中で一番スキ♡ しかも野獣がイケメンに変わるって……サイコー！

Q クリスマスに彼氏からもらってうれしいものは？(♥龍♡)

気持ちがこもっていれば

A なんでも♥

ほんとですってばぁ。好きな人が一生懸命選んでくれたらうれしいじゃないですか。てか、むしろ、彼氏ください。

Q 男の人の何フェチ？(えみ)

A たれ目♡

で、くしゃっと笑った顔。たまらんちん。

Q 生まれ変わったら何になりたい？(わらちぃ)

A イケメン男子になって超かわいいコと付き合うからんさんになって1日中寝てる。

Q 自動車の免許を取ったらどんな車に乗りたい？(くるみ)

大学の仲がいいコが4人いるから、私入れて

A 5人乗れる車!

って、ふつう大体5人乗れるし。うん、車種はよく分かりません。

Q お弁当に入っていたらテンションアガる1品は？(ニノミヤ)

A からあげ♡

むしろからあげだけでいい。

Q タイムマシーンがあったら何が見たい？(ごみちゃん)

A 未来は見たくない!

でも、過去は見てみたいかな。お母さんの若い頃とか。「キレイだったのよ〜」って言うから、確かめに行かないと(笑)。あと、亡くなったおじいちゃんにもう一度会いたいな。

Q 男のコになってやってみたいことは？(みぃ太郎)

A 青春っぽいなぐりあいのけんか。

「テメ〜、ふざけんなよっ」(ボコッ!)「ってーなっ」(ボコッ!)「いてぇ。チキショ。やるじゃねーか、お前」「フッ、お前のパンチもけっこう効いたぜっ」みたいな。もちろん学ランで♡

Q 好きな髪型は？(あるばか)

A 細かくゆるく巻いてふわっとさせる

最近ハマリ中。耳の上くらいからコテで巻き始めるんだけど、すんごい時間がかかるのが難点かしら。

Q 青春といえば？(かなえぴん)

A 高校の文化祭。

春のクラス替えの直後に会議。半年かけて各クラスがミュージカルの準備をしてた(本気すぎ)。でも最後の3年生の文化祭は2日のうち1日しか行けずでした(涙)。

Q セレブになってやってみたいコトは？(くまっ子)

A 「ここからここまで全部ちょうだいっ」

って言いたい。ベタ!

Q してみたいコスプレは？(はるか)

A ザ・アイドル。

な感じの格好がしたい。ブリブリでツインテールで前髪は片側に流して片まゆを見せる。のが、アイドルの鉄則だとテレビで言ってました。

Q 生まれかわったら なってみたい 動物は?（みれい）

A ライオン。

Q 好きな寝かたは?（ばんごり）

A 右側が下の横向き。

脚まげてちっちゃくなって寝るよ。でもなぜか朝起きたらうつぶせ。ちなみに、本気で寝てるときは半目。マジでよくびびられる。

Q よく言うくちぐせは?（いまいー）

A 「マジですかー!?」、「なんかー」。

1日に100回くらいは言いますね。

Q これから挑戦したいことは?（苺姫）

A バンジージャンプ。

すんごい高い橋から、超ハードなジャンプをしてみたい。

Q 性格を一言であらわすと?（ラー）

A かくれ負けず嫌い。

でも平和主義。あ、一言じゃないね。

Q なってみたいお花は?（なる）

A クリーム色のガーベラ。

家のトイレにも飾ってます。（←造花）

Q もし、ちいちゃなありんこになっちゃったら?（優香）

A さとうのかたまりをず〜っとゆっくり食べていたい。

つまり、まったく働かないありですね。

Q 中高生に戻ったら何がしたい?（春香）

A 制服で渋谷に行きたい。

真剣に! 友達とプリ撮ったり、マルキューで買い物したり。なぜなら、当時一度もしたことがなかったから! 千葉から出てませんでした。

Q 2011年にやりたいことは?（さっきー）

A 教習所に行く!

18歳の時から言い続けてますけどね。私、運転うまいはず。だって、Wiiのマリオカート、超うまいもん。

Q 死ぬまでにしたいことは?（あすぱら）

A 結婚。

（キッパリ）。結婚。（2回言った）。韓国に行ったときの占いで、21歳に運命の出会いをして（今年♡）、26歳に結婚すると言われたので、結婚できると固く信じています。

Q 好きな曜日は?（なおちゃん）

A 金曜日。

そりゃやっぱ、休み前でしょう♡ 大学だったら、水曜日を休みにして、2日行って休み、2日行って休みを繰り返すのが理想です。

Q 大学の学食の好きなメニューは?（みーき）

A きつねうどん。

シンプルなのがいちばんです♡ 安いから、何杯でも食べられちゃうし♪

Q あこがれる方言は?（タカ子）

A 広島弁。

元STモデルの赤谷奈緒子ちゃんが「うちね、〜じゃけぇ」って言うのが超かわいかったから♡

Q 自分の部屋の好きな場所は?（ゆな♡）

A ソファー。

ソファーの上で体育座りしてDS! やっぱこれに限るね!

Q 会ってみたい、漫画の主人公は?（さおり）

A 風早くん。（即答）。

そう、『君に届け』のです。本当に会えたら、ソッコーで告白します! 本気で付き合いたい♡

Q 友達になりたいアニメのキャラは?（ブーさん）

A ドラえもん。

間違いなく友達になったらステキです♡ というか、むしろ夢です。やばいですね。リアルに友達になりたくなってきました。ドラえもぉ〜ん。

Q おすすめのゆるい運動は?（まひろ）

A 脚を勢いよく振り上げ、股関節をコキっ☆

脚が疲れてるときにこれをやると気持ちイイです。でも、おすすめできるかは分かりません。

Q ハタチすぎて変わったことは?（くみ）

A 傷が治りにくくなった。

あと、太りやすく、やせにくくなって、疲れやすくなった。（ザッツ・オバモ!）でも、一人暮らしが出来るようになった♡

生まれてから21歳までの
Specialアルバム

Mirei's History

美玲の歴史、どーんとお見せします！　これまでのSeventeenでの表紙も全部見せ！

STモデルになるまで。

七五三でお着物♪　2本指はピースなの？　2歳ってことなの？　弟もベストに蝶ネクタイでおめかしです♡

おおっ。これはさらに富士山っぷりが増している！　ちょっとご機嫌風。もうすぐ2歳の冬。

1989年、千葉で誕生。生まれたときから富士山くちびる♡　ピヨピヨちゃんと呼ばれてた。

ピアノ、弾けるんです。小2のときのピアノの発表会。隣の人は、お母さんではなく、ピアノの先生です♪

な、なんだ、この妙な貫禄は！　6歳なのに。というか、ちょっとケバいよね？

にゃーん、元祖ネコ目3姉妹発見～♡　左端の超うれしそうなのが美玲。幼稚園のお友達と。

本気でお姫様になりたかった頃……。お気に入りのスカートはいて、幼稚園のお誕生日会に。

高1の夏に、突然学校の近くで、今所属してる事務所にスカウトされた瞬間。髪ぐちゃぐちゃ……。

中学の卒業式の日。では、美玲はどこでしょう？　後ろの列のどっかにいるよ～。

小学校～高校までずっと一緒で、仲良しの古田。家も近所だったから、家族ぐるみのお付き合いです♪

16歳

高2の文化祭。仲が良かった6人組「オーサンズ6」(映画「オーシャンズ11」とオッサンをかけて)。今でも仲良し♡

撮影／安藤毅

早くも「食べるの大好き」って書かれてる(笑)。同期で入ったはねゆりちゃんがかわいすぎて、私ヤバイ……って思った。

わけも分からずテスト撮影！　撮影には榮倉奈々ちゃんもいて、もう緊張しまくり。

撮影／山口イサオ

いきなりの表紙！　大石参月ちゃんと。親が大量に買って、おばあちゃんとかに配ってた。

休み時間に早弁中。そのほか、ストーブでマシュマロ焼いたり、お菓子ねだったり、基本、食べてた。

当時のSTモデル全員がクラスメイトだったら？っていうテーマで、私、給食委員になってる！　食いキャラ定着☆

撮影／藤沢大祐

17歳

2007.3/15号　2007.3/1号　2007.2/15号

撮影／御厩泰文　撮影／明賀誠　御厩泰文

キャラを……間違われてたみたい(笑)。なんか、お嬢系モテ服担当だった。その後クール派時代がきて、今のゆるカワに落ち着きました♡

2007.2/15号

撮影／藤沢大祐

ひとり表紙って聞いたときは、びっくりしすぎて絶叫。緊張してたはずなのに、撮影中食べすぎて、スタッフが驚いてた。

2007.7/15号

撮影／藤沢大祐

衝撃的なストーリーで話題だったフォトコミック。主役を演じながら先が気になって仕方なかった！

2007.7/1号

撮影／御厩泰文

長女佐藤ありさ、次女美玲、三女武井咲の3姉妹。この後8回も続く人気シリーズに！

2007.5/15.6/1号

撮影／北浦敦子

LIZ LISAのテーマだったんだけど、この女のコっぽ〜いふんわり感が超お気に入り♡

美玲デザインのあひるキューピー！　描いたそのものになって感動。なぜか毛が1本生えてるの♡

撮影／明賀誠

2007.10/15号

「この3人、なんか似てるよね」って雑談からスタートしたテーマが、まさか表紙になるなんて。ノリってすごい。

撮影／箕浦真人(biswa)

2007.9/15号

撮影／山口イサオ

3号連続表紙をさせてもらったの。ネコ目3姉妹の着まわし撮影をしている途中で、ちょっと抜けて撮影しました。

2007.8/15号

撮影／北浦敦子

憧れの奈々ちゃんとの初めての表紙で、超緊張してたら、優しくアドバイスしてもらえた♡

2007.8/1号

撮影／北浦敦子

当時STで連載してた、カナヘイさんのマンガの主人公チィとのコラボ表紙。乗せてるような手の角度を保つのが難しかった。

2008.1/15.2/1号

撮影／山口イサオ

晴れ着でございます♡　見えないけどいちご柄。新年の表紙やったら、頑張るしかないって思った。

2007.12/15.1/1号

撮影／堀内亮(Cabraw)

表紙はおっきなツリーがあって、ネコ目の着まわしは雪が降って、って、なんか大掛かりな撮影ばかりでした！

撮影／北浦敦子

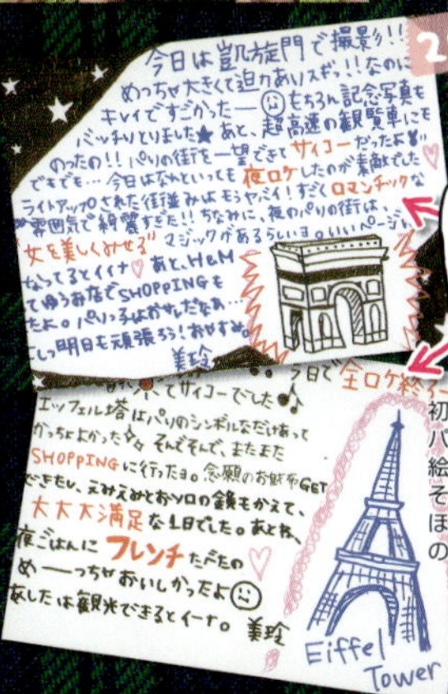

2007.12/1号

初海外ロケは咲と一緒にパリ！　このとき手描き絵日記を書いたんだけど、それを編集さんがすごくほめてくれて、今の連載の形が生まれたの。

撮影／御厩泰文

18歳

2008.4/15号

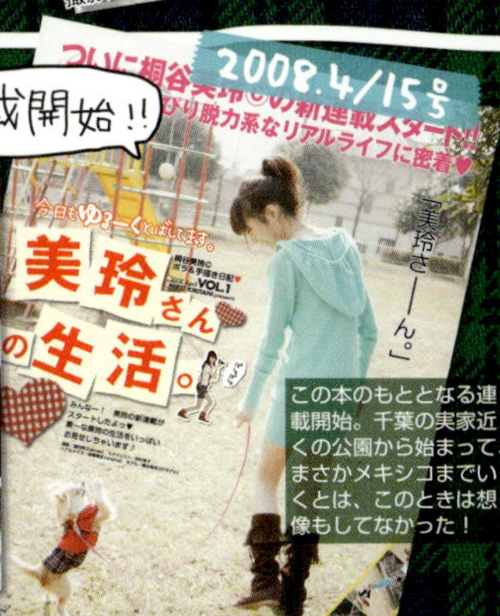

この本のもととなる連載開始。千葉の実家近くの公園から始まって、まさかメキシコまでいくとは、このときは想像もしてなかった！

撮影／堀内亮(Cabraw)

2008.4/1号

ちょっと照れるタイトル……♡　でも、すごーくうれしかったです。巨大ポスターや美玲文字レッスン帳なんかもついていたの一。

撮影／北浦敦子

18歳 つづき

撮影／角守裕二

←モデルやスタッフから言われてた、モテないモデルのキャラから生まれた企画。美玲は、大食いすぎてモテナイ。まんまじゃん！(笑)

撮影／堀内亮(Cabraw)

これまたスゴイ！　ネコ目がキティになったの☆　3人とも髪型から服までそっくりになってた♡

©1976,2011 SANRIO CO.,LTD.
APPROVAL NO.G511601

STがでっかくなったー！　第1号は真っ赤な表紙。風を切って歩いてといわれて、困った……。この号ではメイクの特集も組んでもらったよ。メイクって、化けられるから、スキ♡

撮影／鈴木宏

撮影／山口イサオ

金沢
「美玲さーーん。」
「はーい。金沢です♥」
美玲さんの旅。金沢

撮影／堀内亮(Cabraw)

連載で行った初めての旅。ここで、ゆるい一人旅日記のジャンルを確立。食い倒れ日記も必要素になりました♡

元祖モテナイズのエレナと。撮影中、どうしたらモテるかを真剣に語り合ったが、結論、出ず。

撮影／山口イサオ

STが40周年記念だったから、ちょっとお誕生日風。決して美玲の誕生日ではないのです。

撮影／山口イサオ

金沢の旅が好評だったので、また旅に行かせてもらいました。今度は縁結びを祈願するために出雲へ。かなり本気で祈ったキリタニでした。

撮影／堀内亮(Cabraw)

ありそでなかったありさとのツーショット表紙。かなりがっしり抱きついてるんだ♡　そしてカレンダーでは、超さりげなく初水着を披露。さりげなさスギっ！

撮影／山口イサオ

撮影／堀内亮(Cabraw)

撮影／村山元一

私服企画はいつもドキドキ。服、足りるかなって。毎回同じ服着てたら恥ずかしいし。どれを出すか悩むの〜。

撮影／堀内亮(Cabraw)

➡顔ドーン！　この表紙は、山形で映画の撮影後、一睡もせずに戻ってきて挑んだ気合の1枚。

19歳

撮影／箕浦真人(biswa)

祝♡　初水着ロケ in Hawaii☆　ハジけまくりまーす☆　と、思いきや異常現象で超寒かった！　それもいい思い出。

美玲が2人!?　いえ、これは美玲と綺麗です(笑)。1人2役で着まわしという、すんごいパワフル企画でした。ほほほ。

2009.3月号
美玲と綺玲のバレンタイン純愛物語
美玲とキレイ？

撮影／堀内亮(Cabraw)

撮影／箕浦真人(biswa)

2009.7月号
Seventeen
惚れてまうやろー!夏!
激アツ★イケメンが選んだ夏モテ服♥

ハワイ水着特集第2弾☆　この号ではちょっぴりオトナな水着姿もご披露しちゃいました。どうかちらん？

撮影／箕浦真人(biswa)

楽しげハイテンションボーダーとは裏腹に、このときキリタニは激しい腹痛に襲われてました……(泣)。

撮影／箕浦真人(biswa)

撮影／箕浦真人(biswa)

キャー!! 着ちゃいました、制服。しかも表紙で♡ これは咲と共演していたドラマ『オトメン(乙男)』の制服。多分これ、ラスト制服表紙かと…。

記念すべき、単行本『美玲さんの生活。』第1弾はバリで撮影! STでも大特集を組んでもらったよ!

2009年8月に発売された第1弾。これまたゆるくて楽しいので、まだの方はぜひ♡ ぜひ～♡♡
撮影／堀内亮(Cabraw)

撮影／堀内亮(Cabraw)

キッランキラーン☆ 今までで最強にキラキラの号。右手に持ってるのはラメラメのトラちゃん! 寅年だったからね。
撮影／村山元一

アニョハセヨ♡ 大しゅきなありさと念願の韓国～! いっぱい食べていっぱい遊んだよ。ラブラブすぎて…ごめんなさい♡
撮影／堀内亮(Cabraw)

見えます? 私たち4人まとめて、巨大なリボンで結ばれてるんです♡ プレゼントはわ・た・し♡ 的な!
撮影／村山元一

ひとりでひたすら着まわしちゃってますよ～、3か月分。所要日数、丸2日。その数50カット以上! タフ～♡
撮影／堀内亮(Cabraw)

撮影／堀内亮(Cabraw)

長女ありさが卒業。なので、ネコ目3姉妹シリーズもラスト。妹2人は強く生きていきます!

体育すわりでちょこん。ちんまり美玲でございます。この号は、『美玲さんと生活。』っていう1年カレンダーもついてました!

←撮影／村山元一

撮影／村山元一

20歳

撮影／高野友也
(PEACE MONKEY)

この撮影、主演していたドラマ『女帝 薫子』の収録後、夜の8時から始めて、なんと深夜3時までかかったのでした。タフ～。
撮影／箕浦真人(biswa)

撮影／佐藤きよた

撮影／佐藤きよた

水着ロケ第2弾～! 今年は去年よりもさらに1人増えて、4人で行ったから、テンションアガっちゃいました。

わーい! 2年連続ハワイロケ! やっぱ、ハワイはいいわぁ～♡

撮影／佐藤きよた

"ゆるい"がついにファッションに進出～! 美玲のゆるカワってことで大特集を組んでもらったよ。ゆるく生きててもいいみたいです～♡
撮影／箕浦真人(biswa)

21歳

この本、発売できました♡ 早く大人になりたい美玲と、まだまだ子どもでいたい美玲の21歳の色んな表情が、ナチュラルにつめ込めた気がする。
撮影／堀内亮(Cabraw)

撮影／村山元一

スパンコールハットに蝶ネクタイ。今年もガンガンいきますよ～って気分を出してみちゃいました!!

撮影／四方あゆみ(ROOSTER)

ありがたいことに『ゆるカワ』ブームは秋も継続。らくチン系の美玲は、超ラッキー。

突然ですが

美玲さんの世界の童話。

おつかい
おつかい
まぁ♡
きれいな
お花ちゃん

あら、迷っちゃったかしら…

ハッ!!!!

じっ

イケメン発見♡

ちょっと!!!!
王子様
こないんですけど!!!!

キリタニ、
完全に
捕えられました…。

大変。
帰らなくちゃ!!
ごめんなさい王子様…
追わないで。

ん…夢？
おなかすいた。

2009.Oct~2010.Nov
Seventeen
連載一気見せ!!

Seventeenでの連載をミニサイズでお届け！連載スタートから2009.Julyまでは、単行本第１弾に収録されているので、そちらもぜひ♡

今日もゆるーくとばしてます。

MIREI KIRITANI presents

美玲さんの生活。

ピンポンパンポーン♪
大変申し訳ございませんが、
ここからは本を横にして
お読みください☺ み

撮影／堀内亮(Cabraw)
スタイリスト／西村育子
ヘア＆メイク／今井貴子
協力／京王電鉄

今日もゆる～くとばしてます。

2010 January
MIREI KIRITANI presents

美玲さんの生活。

2年前のSeventeenで着た着物が
どうしても忘れられなくて、
もう一度着せてもらいました♡

選挙に行けます。
年金を払います。
自由に結婚できます♡
自分で携帯買えます☆
…スゴイです!!
美玲ったらちょー大人☆
ゆるさにも大人の
貫禄をつけていきたい
2010。

撮影／堀内亮(Cabraw)
スタイリスト／
小松未季(ROOSTER)
着付け／奥泉智恵
ヘア＆メイク／今井貴子

突然ですが！両親の登場です。

母より

お母さんみたいになれるようにがんばります(^^)

美玲へ
成人おめでとう☆ 素敵な女性になれるように心も体も磨いてください。
パリでワイン飲もうネ 母より

父より

ほんとあっというまに20さいになってしまいました。ありがとう☺

美玲へ
晴れやかに健やかに二十歳を迎える君を皆でずっと見守っているよ。ランもね！ 父より

美玲の成人式ファッションチェック

2年前にこの着物を着たときは、ちょっと甘く着付けてもらったので、今回は大人ゴージャスにいってみました！

撮影／堀内亮（Cabraw）
スタイリスト／西村育子
ヘア＆メイク／大島清子（roraima）
撮影協力／まわるお寿司うみ

撮影／堀内亮（Cabraw）
スタイリスト／西村育子
ヘア＆メイク／今井貴子
撮影協力／住友不動産エスフォルタ
株式会社エスフォルタ市ケ谷

今日もゆる〜くとばしてます。

2010 April
MIREI KIRITANI presents

美玲さんの生活。

早いもので、この連載も
もう2ちゃいです。
そして、美玲は20ちゃいです。

撮影／堀内亮(Cabraw)　スタイリスト／西村育子
ヘア＆メイク／今井貴子　撮影協力／PROPS NOW

「美玲さんの生活。」2周年を記念して!!!

自分でケーキつくって
自分でたべます☺

連載が始まってもう2年が経ちました。
食べるだけの女は卒業です。
ケーキもひとりで作れます✌
お祝いだって ひとりで平気…です。(-ω-)

ぱしゃぱしゃ
ホイップチュー♡
材料
小麦粉 120g
グラニュー糖 120g
バター 40g
卵 4コ
生クリーム
いちご
材料を量る
フムフム…。
卵を割る
からざは嫌いです(-ω-)
卵とグラニュー糖を泡立てる
ウィーン
ぐるぐるぐるぐる
粉を加える
トントントントン
まぜまぜ
焼く前の生地がいちばん好き♡
ちょこっとみぐい
焼きますよー
焼・け・た カ・ナ?!
生クリームをつくる
色はピンク♡
イチゴスライスを並べる
クライマックス! デコレーション♡
へにょへにょ文字
でけたー
ひとりでたべる
結論
あんまりおいしくない…
み

今日もゆるーくとばしてます。

2010 June
MIREI KIRITANI presents

美玲さんの生活。

大学で習ってる中国語で日記を書いてみました。間違ってたらごめんなさい。笑

中国語　めざせ☆チャイニーズ

ふんふんふん　ふん

你好！谢谢♡

我在Denny's。
（私はDenny'sにいます）

我学习中文。
（中国語を勉強しています）

近日有试脸。
（もうすぐテストがあります）

中文难。
（中国語は難しいです）

我疲劳了。
（疲れました）

我饿了。
（おなかがすきました）

我吃薯条。
（ポテトをたべよう）

撮影／堀内亮（Cabraw）
スタイリスト／西村育子
ヘア＆メイク／中村未幸（roraima）
撮影協力／デニーズ中野坂上店

もうあきた＝3　ほえー

テスト勉強はデニーズに限る！

パクパクパクパク　←アメリカンクラブハウスサンド

ちゅー　←キウイフレッシュ

←ポテトちゃん

今日もゆるーくとばしてます。

2010 May
MIREI KIRITANI presents

美玲さんの生活。

キリタニ、登りました！
ファイトー発、
登ってまいりました～～!!

次どれ　がんばれがんばれ

（全然期待されてねらず）

がんばってー！　ひとごと→　ちょこまり。

B-PUMP OGIKUBO ワーケイ先生

わー先生すごいー＝3　←ひとごと

つっきー　おちる～～!!!

ムリムリムリムリムリムリ…

必死

瞬間腕筋肉痛！

ガッツポーズ☆　気分はスパイダーマン

よじよじよじよいしょ

ゴーーール!!!!

キリタニ、やりました。感無量♡

いがいとできるクチでした

よゆーのピース♡

バタッ。

感想　爽快っ♡　クセになりそう♡

ファイトー！一発!!

—ボルダリングのルール—
難易度別の色のシールがそれぞれの石に貼ってあり、指定された色だけを使って登る。

へばりつき。ペタリ♡

ふんっ＝3

高っ!!

やってみたかったんです、コレ！
ボルダリングっていうんです、コレ！
不登りとか、塀よじ登るのとか
すごい好き。小さい頃から。
家にジャングルジムあったもん。（¯へ¯）
てなわけで、この度初挑戦です。

撮影／堀内亮（Cabraw）　スタイリスト／西村育子
ヘア＆メイク／今井貴子　撮影協力／B-PUMP荻窪店

今日もゆるーくとばしてます。

2010 August
MIREI KIRITANI presents

美玲さんの生活。

撮影／堀内亮(Cabraw)
スタイリスト／西村育子
ヘア＆メイク／犬木愛(agee)
撮影協力／市ヶ谷フィッシュセンター

気になっていた釣堀で初釣りです。
ちょっと、格好から入ってみました。
気分は釣りキチ三平さん♡

今日もゆるーくとばしてます。

2010 July
MIREI KIRITANI presents

美玲さんの生活。

ちーさな花火も、おっきな花火も
どれも楽しくて、ちょっとせつなくて
なんだか青春ってカンジです♡

撮影／堀内亮(Cabraw)　スタイリスト／西村育子
ヘア＆メイク／松岡奈央子

今日もゆるーくとばしてます。
2010 October
MIREI KIRITANI presents
美玲さんの生活。
楽しいけど、大変〜。大変だけど、楽しい。
一人暮らし、始めたよ。
撮影／堀内亮(Cabraw)
スタイリスト／西村育子
ヘア&メイク／大島清子(roraima)
今日は月曜日、ゴミ出しの日(可燃ゴミ)
引っ越しました。
念願の一人暮らしを始めました。
料理、洗濯、ゴミ出し、掃除…
自分でやらなきゃいけない事が
ふえました…
着々と登っています大人の階段
美玲のご近所ちゃりんこパラパラマンガ☆
商店街でおかいもの
八百屋にロックオン!!!!
チャリンチャリン☆
おうちに帰ります
ビューーン
高速回転!!
キリタニ絶好調♡
しゅうしゅーう!!!
ここでヨイかしら。
ヨイショうどっ。
びん

今日もゆるーくとばしてます。
2010 September
MIREI KIRITANI presents
美玲さんの生活。
秋、そう、それは食欲の秋！
今回は、ボラも全部、
食べ物しばりでいっちゃいまーす♡
食欲の秋にはやっぱ中華!!
チンジャオロース
エビチリ
しゅうまい
カニ
初めての上海蟹!!
カニさんいただきまーす♡
「蟹・解体新書」
著者 桐谷美玲
「你好！ついに！上海へやってきたよー」
な気分で近くの中華料理店から
お届けします
上海蟹をパカっとひらいて
ホジホジうまっ ホジホジうまっ
時々みそ。
ああ〜うまいいいなあ、シャンハイ(ヘー)
撮影／堀内亮(Cabraw) スタイリスト／西村育子
ヘア&メイク／酒井真弓 撮影協力／新世界飯店
甲羅をパカッ
解体!!
満足、満足。
カニみそうんまーい
いつになく真剣な眼差し

※今回、美玲さんは特別にいろいろな動物さんたちとたくさんふれ合わせてもらいました♡

撮影／堀内亮（Cabraw） スタイリスト／西村育子 ヘア＆メイク／松岡奈央子
撮影協力／マザー牧場（☎0439・37・3211）

手描きポラ日記 Select

引っ越ししたてのお部屋を
大・公・開 !!!!
まぁ、まだ何もそろって無いですが。
テーブルとラグとテレビ台と
カーテンがほしい。
そして彼氏もほしい…笑

美玲部屋の間取り図

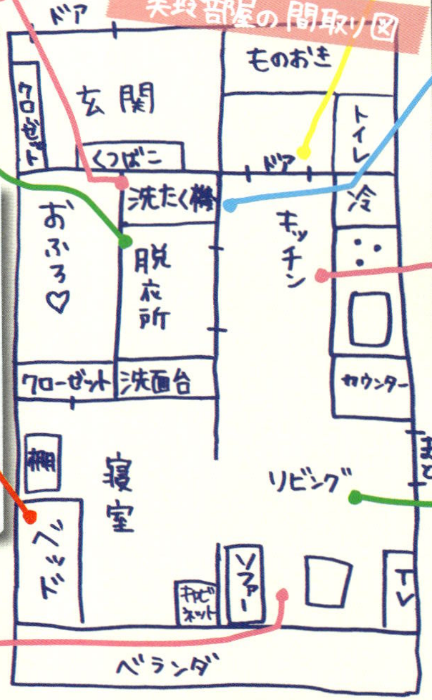

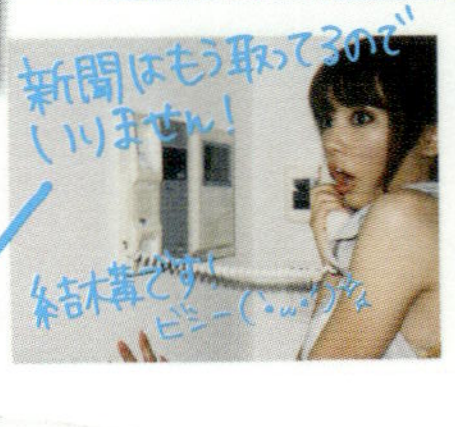

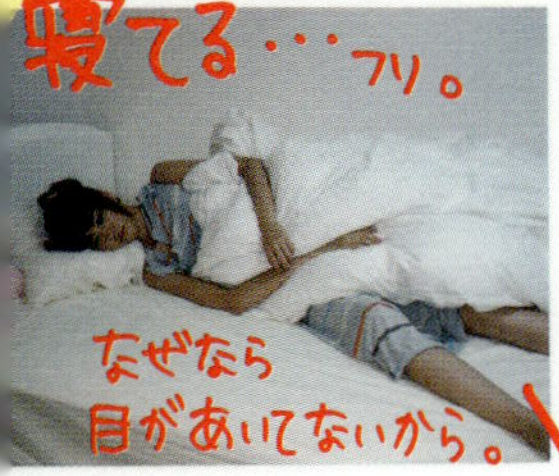

お姫さまの生活。

卒業したモデルの佐藤ありささんです。

大好きなあーりーがseventeenを卒業しちゃうので最後のねこ目3姉妹の撮影になりました…。TAT
執事がついたり、ロンドン留学したりKITTYちゃんになったり…いろーーんな事を3人でしました。
ホントの姉妹みたいでだぁーーいすき♡♡
Forever NEKOME

桐谷美玲(19) 某商店街に度々出没!?

セブンティーン専属モデル桐谷美玲(19)が都内某商店街に出没しているのが度々目撃されている。食べる、遊ぶの大暴れ!

目撃した女性Nさんは「ガチャガチャを10回連続でやっていた。」と話している。今後の桐谷の動向に注目である。

「女帝の撮影は全てセルフで行われています(･ω･)ビシッ …というのは全くの嘘です♡本当は周りに何十人もスタッフさんがいて、ロケには何台もの機材車がくりだします。ひとりじゃ何もできない女帝でした。

「女帝薫子」撮影現場実況中継

もう、驚きの人見知りちゃん。

今も、わりとそうだけど、小さい頃は本当にすごい人見知りだった。おじいちゃんのおうちに行っても、なれるまで1時間ぐらいは口を一文字にして、固まってた。じーって。抱っこされると、泣くの。おじいちゃん、かわいそうだよね（笑）。幼稚園でも、仲良くなると話すんだけど、しばらく会ってないと、また話せなくなっちゃうの。お母さんにぴったりくっついて。でも内弁慶だから、慣れると調子のるんだけどね。ふざけたり、変なことしてみたり。ただ、慣れるまでが、相当大変。

お母さんのO型と、お父さんのAB型のA型だからかな。すっごい楽天的な面と、ちょっと神経質な面のどっちもある。それで、ちょっと複雑な性格してるのかも。

小学校低学年は、元気グループと一緒にいたけど、自分は目立たない、真面目でおとなしいコだった。ポジション的に、クラスの真ん中くらいにいる感じ？　ただ、成績は、だいたいなんでも割とできてて、通知表は良かった。あ、でも体育だけは全然ダメ。水泳も、走るのも超苦手だった。そういうとこも目立たない感じするよねー。

千葉→大阪へ転校。キャラ開花時代！

マジ大阪!?って思ってたけど

ミレイの すっぴんトーク with らんさん

今の美玲ができるまでのいろんなこと。
そして、いま考えてること。
ちょっとめずらしく語っちゃおうかと思ってます。

関西気質、意外と肌に合ってたっぽくて。自己主張していかないと生きていけないし、一気に明るくなった。転校初日から「この後、何してるん？　遊びいこーや」みたいなノリで。変顔も恥ずかしくて絶対できないコだったのに、この頃からできるようになったの。おかげ様で今では達人の域だけどねー。

そして時代はモー娘。全盛期。みんなで歌詞やふりつけを覚えて、歌って踊って。たまり場だった西武デパートで、モー娘。カード交換したり、プリを週に20枚くらい撮ったり、私服でルーズはいてみたり、あと¥１００均とか子ども用メイクとかで、なんちゃってメイクしたりして。おませさんだよね？　もうとにかく、元気いっぱい遊んでた！　この頃は男のコとも普通に話せてたなあ。大好きな男のコもいて、大好きすぎて何回も告白して、毎回フラれてた（笑）。

イジメとかも、あったりしたな。

大阪はすごく楽しかったんだけど、イジメとかで大変な時期もあったんだよね。女のコって、みんな、多かれ少なかれ、経験してるんじゃないかな？　この年頃って、クラスでイジメが起きたりするよね？　私たちにもあった。ターゲットは次々に変わるの。ターゲットにされるきっかけはささいなこと。足踏んだのに謝らなかったとか。きっと何でもいいんだよね理由なんて。そして、半年に1回くらい自分に回ってきて、1週間とか2週間くらい、しゃべってもらえなかったりするんだよね。私の何が悪いんだろう。言ってくれないと分からないのに、って思ってた。つらくて先生に相談しても、先生もどうにかしようとはしてくれたけど、どうにもならない。イジメって、先生が何言ってもだいたい変わらないんだよね。コソコソしちゃうだけ。その時は、次のターゲットに入れ替わるまでじっと耐えるしかない。自分がターゲットから外れたら、また普通の生活に戻るんだよね。それが、ただただ繰り返されてくだけ。

信頼できる人がいれば どーにかなる！

そんな、つらいときの味方は、いつもお母さんだったな。お母さんはいつも私の絶対の味方。とにかく一人でも信頼できる人がいればどうにか乗り切れる気がするもん。強くなれたって意味では、そういうこともいい経験だって思えるのかも。そういうことをしちゃいけないってのも分かったしね。大人になっても、嫌われちゃったり、影でいろいろ言われることはあるでしょ？　どんな人も、全員に好かれるってことは多分、ない。悪くなくても苦手な人はいるから。だから、狭く深くがいいって思うのかな。信頼できる人が自分を分かってくれれば、それでいいんだって。

コンプレックスの塊！ 天パーのめがねっ子。

そして、そのまま大阪で中学にあがって、入ったのはバドミントン部。毎日部活。走りこみとかしてたから、長距離も学年で10位くらいになった。運動できなかったのに！　本当に楽しくって、平和な時代。ちなみに、大食いキャラもこの頃にはでき上がってた。口ぐせは「おなかすいた～！」で、ご飯のまえにスティックパンを1袋開けてた。そしてこの頃、ヒューってすごい背が伸びた。

ただ、ビジュアルはコンプレックスの塊。天パーでめがね。めがねっていっても今ハヤってる黒ブチとかじゃないよ。子ども用の細めのピンクシルバー。わかるわかる？　めっちゃダサいやつ。顔に合うのが、それしかなかったの。

クラスの男子と話した 記憶が全くない！（笑）

そんな感じだったからね、大阪の中学校時代、クラスの男子と話した記憶がね、全くない。私が男子に話しかけたら、嫌がられるだろうな、って思ってた。特に、イケてる男子と話していいのは、クラスの目立つかわいいコ達だけだって（笑）。自分も女友達さえいれば十分で、それで満足だったし。好きな人なんていなかったから、ま、言うまでもなく、付き合うとかは全くの無縁でした。美玲のモテナイズ歴、けっこう長いです。

とにかく天パーが嫌で、中1の終わりにストパーかけたの。ホットペッパーで安いとこ探して、バド部のみんなで行ってた。やっとコンプレックス、ひとつクリア。

中2でコンタクト レボリューション☆

中2で千葉に戻ったんだけど、小5で引越す前と同じメンバーの中に戻ったから、ストパーかけて見た目もちょっと変わってる上に、大阪で性格が超変わってたから、マジビビられた！　「大阪行ってよかったね」っていわれたから、いい意味で変わってたんだと思う。自分では意識しなかったけど、前に比べたら少しあか抜けてたのかな。相変わらず男のコとは話せないままだったけど。そして、中2の終わりについに憧れのコンタクトレンズに！　ダサメガネ卒業！　これで2大コンプレックスをクリア！　そういうので精一杯だったから、モデルになりたいなんて発想、1ミリもなかったんだよね。むしろ0％以下。

進学校に行きたいだけ。 将来の夢は特にナシ

ある意味、夢のないコだった。正直、将来何になりたいかなんて全然分かんなかったし。でも進路希望で、将来なりたい職業を書かなくちゃいけないから、ピアノを習ってたから、小さい頃からなんとなく頭にあった保育士ってのと、親が薬剤師だから、その影響で薬剤師ってのも書いてたな。本当になりたかったかは分からないけど、薬剤師に関しては、理数系が破滅的に苦手だったから、なれないってすぐ気づいちゃった（笑）。ただ、進学校には行かなくちゃってのが、自分の中に当然のようにあったんだよね。大学も、行かないって選択肢がなかった。何でだろう、親とか、環境かなぁ。できるだけいい高校に行きたかったから、すごい勉強した。多分、人生で1番勉強したな。普通は大学受験ですけどねー。そうして志望校に受かったの。

でも、実際、高校に行ってみたら、本当にみんな真面目で、すごく頭がよくって微妙に馴染めてなかったかも。しかも、最初の数学のテストで19点って点数を取っちゃって。今までそんな点数を取ったことなかったし、自分ではそこそこできるって思ってたから、ショックすぎて泣いた！　なんだか、クラスには居場所がない気がしてた。一番楽しい場所は、マネージャーとして入ったラグビー部。男のコと話せない私が、なんでラグビー部って思うかもだけど、超面白いマネージャーの先輩がいて、その先輩が大好きで入ったの。部活中心の生活になっていってた。

メイクして、髪染めて、 ちょっと浮いてた？

高校では、学校にメイクをして行ってた。マスカラもアイラインもチークもリップもわりとフルにしてた。親にバレないように、少しずつ髪色が明るくなるミストとかもしてて（笑）。徐々に徐々に髪の色ぬけるやつ！　今思うと、全

然大したメイクじゃないんけど、学校でメイクをしてるコなんてあんまりいなかったから、目立ってたんじゃないかな。なんか、そんなめちゃ真面目な学校に違和感を感じてた高1の夏に、今の事務所にスカウトされたの。突然、学校の近くで。それまでも原宿とかでスカウトを受けることもなくはなかったけど、もう、勢いが違った。家まで説得に来たし、それはそれは熱心だった(笑)。で、断り続けてたの。「わかりません」って。そしたら、突然パタリと来なくなって。あれ?みたいな。

とりあえず1年、がすべての始まり

3か月くらいたった冬頃かな。急にまた連絡が来たの。絶対ツンデレ作戦ですよー。事務所の先輩の内山理名さんの取材に同行しませんか?って。それくらいならいいかって、お母さんと見に行ったの。そして、初めて知ってる芸能人を間近で見て、そのキラキラっぷりがハンパなくって圧倒されて。帰り道、お母さんと2人で相談したの。「こういう仕事って、したくてもできない人のほうが多いんでしょ。なんであんたに声かけてくれたかは全然わかんないけど、もしかしたら、恵まれてるのかもよ。何もする前から断るのもどうだろうね」って。で、とりあえず1年。って話になったわけなのです。そこからは生活が激変。ただのいなかっぺ高校生だったのに、いきなり映像の仕事って言われてもね! 初仕事は、事務所の先輩の堀北真希さん主演の『春の居場所』って映画のエキストラで、主演の後ろの席の青山さん(笑)。そしてすぐにBS-TBSで放送された東京少女の『ヤドカリ少女』を撮影。このときは所属して多分2か月くらいで、芝居も何も分からないまま、一人で現場に行ったんだよね……。東京の電車なんかほとんど乗ったことなかったのに。

もうね、ワタシ、何してるんだろう。以外のなにものでもなくて。社長に、セブンティーンに顔見せに行くよって言われたときも、私、普通にセブンティーン読んでたし、なんで私が?って不思議でしょうがなかった。編集部に行ったときは、大好きなえみちぃがいるんじゃないかってことだけでドキドキしてた。会えなかったけど。

そこに自分がいる意味が全然わからなかった

もし、セブンティーンに入ってなかったら、この仕事は続けてなかっただろうなって、今となってはつくづく思うんだけど、セブンティーンの専属になったばっかりの頃は、そんなことは全く思えなかった。同期で入ったはねゆりちゃんは、すでにびっくりするほど輝いてたし、撮影に行けば、セブンティーンで見てたモデルさんたちがいて、ただ、ひたすら緊張してた。人見知り再発。最初のテスト撮影のとき、今は親友の(佐藤)ありさが一緒だったんだけど、あまりに私がしゃべらないから、「このコ大丈夫かな?」って思ってたみたい。私服の撮影ってのも、相当に悪夢。地元ではジャージ生活だったから、マシな私服なんてほんと持ってなくて、編集部の人に私服持ってきてって言われたときに、超あせったもん。最初の紹介ページに出した私服は、なんかキャラTにビミョーな丈のデニスカだった気がする。とにかく、かわいくならなきゃ、オシャレにならなきゃ、みんなに追いつきたい、同じレベルになりたいってひたすら思ってた。必死すぎて、楽しいとか、つらいとかって気持ちすら感じなかった。自分がそこにいる意味が分からないでいた。

急激な変化に自分が追いつかない!

そんな不安定な気持ちの頃に、早くも表紙が決まったの。普通はうれしくってしょうがないはずなのに、そのときの私は、うれしいより、私が表紙!?って不安の方が大きかった。自分の気持ちよりも仕事がどんどん先行していってて。ちょ、ちょっと待って、って。でも、その後さらに1人表紙が決まったとき、私、もしかしてすんごく頑張んなきゃいけないのかも、ってやっと、思えた。遅っ。

人見知りは相変わらず全開中だったけど、ありさも千葉だったから、一緒に帰るうちに自然と仲良くなれた。ありさみたいになりたいってのはその頃からずーっと思ってる。今も。ありさの1番のファンは絶対私!って自信あるもんね。今は卒業してノンノで活躍してるから、毎月チェックしてるよ。ストーカーばりに(笑)。ノンノの初表紙を飾ったときも本当にうれしかった。仲間であり目標、ライバルであり親友なんだなぁ。そんな訳で、話せる友達も少しづつできて、撮影の回数をこなすうちにちょっとづつ慣れていけた。

知らない人の言葉より知ってる人の言葉!

でも、乗り越えなくちゃいけない壁は他にもたくさんあった。学校に行けなくて授業についていけない、大好きな部活もできない、何で私は普通の千葉の高校生なのに、こんなにできないことばっかりなんだろうって。そんな不満ばっかりぶつけてたら、お母さんに「じゃあやめる? やめたいなら、お母さんは止めないし」って言われて。言われて初めて、「やめたくない」って思ったんだよね。できないことが多い分、人ができない経験をいっぱいしようって。そう思えてからは仕事をやめたいと思ったことは1度もない!

自分が思ってないことやしてないことをいろいろと言われて、ココロがつぶれそうになっちゃうときも「美玲を知らない人の言葉よりも、美玲を知っている人の言葉を信じて頑張ればいいんだよ」って言ってくれる、昔からの友達の言

葉が、本当にうれしくて。
セブンティーンでは先輩にも編集部のスタッフにも大事にしてもらって、いろんなことを教えてもらった。ちゃんと怒ってもくれるから、これは仕事なんだって意識することもできたし。
さらに、厳しいスケジュールの中で受験して、奇跡的に受かった今の大学でも、何でも話せるいい友達がたくさんできたんだ。みんな育ってきた環境がバラバラで自分と違うから、話してても楽しいし。大学に行って、ほんとに良かった！ 仕事が忙しいときは、授業に出るのも大変だけど、ノートやらテストやら友達がフォローしてくれるの。仕事以外で自分をオフにできる場所が、いい刺激にも息抜きにもなってる。そうやって、つらいことや大変なことはいつも、まわりの信頼できる人たちに支えられて乗り越えてこれたんだよね。

ゆるキャラでいって いいんですかー!?

正直、自分がゆるキャラでいくなんてビックリだった。根は面白いことは大好きなんだけど、真面目で消極的なところがあるから、つい殻をかぶってしまって、前面に面白キャラを出し切れずにいたの。小さい頃から、ちゃんとできないことが恥ずかしいと思ってた。ある意味完璧主義だったのかも。だから、できないって思うことにはあえて挑戦しないで生きてきてたんだよね。しっかりできてないとダメだからって。できることだけをしてきてたのね。でも、セブンティーンって、できないことも、気を抜いたときも、全部美玲としてポジティブに切り取ってくれるから、ちゃんとほんとのキャラを出せるようになれたんだ。

究極のゆるさを 日々追求中～。

テーマが「ゆるい」っていう、この「美玲さんの生活。」の連載も、これでいいの？ってくらい素。だって、最初の頃はスタッフもみんな手探りだったから、気を抜くと？いつものファッションぽくなっちゃって、編集さんに、ちょっと写真がオシャレすぎてダメって注意されてた(笑)。普通あんまりそういう注意されないよね。カメラマンさんも「僕、ファッションカメラマンなんだもん」って言いながらも、楽しそうにゆる写真に挑んだけど。人って真剣に何かやってるときとか、ボーっとしてるときとか、素の時って、なんか独特の面白い顔になったりするでしょ？ 足ツボとかピアス開ける瞬間とか、前髪きられてる顔とか、そういうのをね、狙うの。いかに素のゆるさを出すかにスタッフ全員命をかけてるからね。手描きにしてもそう。もともと、セブンティーンの撮影でパリロケに行った時に描いた絵日記を、すごく良かったってほめてもらえて。連載はそんな手作りな方向で行こうって決まったんだけど、今では絵日記を通り越して、ふつうは入れないような絶妙なコトバと場所をみつけて、いかにゆるさを出すか必死に考えてるもんね。すぐ浮かんでくることも、1つのコトバに30分以上、うーんって悩んでることもあるし。前の写真集で手描き時間100時間越えって書いたけど、実際はそんなもんじゃきかないと思う！ 編集部出没率No.1モデルの自信あるし。もはや、馴染みすぎて最近は、完全にスタッフ化。いても気づかれない(笑)。でも、ずっと編集部にいると、いつもは撮影でしか会わない編集さんたちが働いてるのを見られるから、へー、こんな風に作ってるんだあって分かって面白いよ。ほんと、寝てない時とかあるしね。ありがたいなって思っちゃう。
入った頃はあんなに不安だったのに、今ではセブンティーンでの仕事は全部楽しくて、本当に大切な宝物みたいな時間なんだよね。

21歳運命の人と出会い 26歳で結婚する♡

とまあ、仕事の話ばっかりもな

んなので、恋愛の話とか？ しちゃいます？ んーと……。好きってなんなんですかね？ え、そっからですかー？ みたいな(笑)。

ずっとね、追うより追われたい派って言ってたんだけど、実は私、気になる人にはけっこう積極的かもしれない。メールもしちゃうし、ご飯も自分から誘っちゃう。かわいく見られたいから頑張るし。えと、どんなふうにかっていうと、ヘアはゆる巻き、メイクはナチュラル目パッチリで服はミニボトム、みたいな。やっぱ脚は出してかなくちゃね。って、結構ベタ！ みんなで遊んでたら、さりげなく隣にいたり、とか、ご飯食べるときに、おちゃめにこっち座って座ってって言っちゃったり。でもね、なかなかそこから先がね。難しいんですよー。私は、好きって気持ちがすごく強い(重い?)みたいなの。自分にとっては普通なんだけどね。美玲が考える好きは、基本的に相手優先。その人のぜーんぶが好きで、どんなことでも許せてしまう。そして、その気持ちは一時的じゃなくて、ずっと変わらないもの。好きというのはそういうものだと思ってる。

でもね、好きの意味や度合いって、本当に人によってさまざまでしょ。自分の考える好きと、相手の考える好きが根本的に違ったら、すごくつらい恋愛になってしまう。過去にそれで傷ついたこともあったから。好きの価値観が違うと、私の場合、嫌われないように相手に合わせようとして必死になっちゃうから、結局、自分も相手も嫌になっちゃって、傷つくんじゃないかって思ってしまう。そんな経験からかもしれないけど、理想はね、頑張らなくていい付き合い方。無理したり、合わせたりしなくても大丈夫な、気の合う人とずっと一緒にいたい。そしてその延長に結婚できれば最高なんですけどね。おお、なんか、話が壮大になってきた。でも、前に韓国に行った時の占いでは、21歳の夏に運命の人と出会って、26歳で結婚するらしいですから。相手は'86、'87、'89年生まれの人だって♡ どこにいらっしゃるのカシラー♡ そんなわけで、大いに期待している次第なわけですよ。

わー、まさかの、占い頼み〜。

今、未知数な未来が楽しみでしかたない！

最近、5年後、10年後……って何してるんだろうって考えるんだ。モデルって仕事は、ベースとしてずっとやってたいけど、仕事のフィールドは未知数でしょ？ 何かのきっかけで、もしかしたらハリウッド進出とかしちゃってるかもしれないし！っていいつつ、占いどおりに結婚しちゃってるかもしれないしー♡ でも、きっともう、どんなことも挑戦しないであきらめるってことはないだろうなぁ。今、なんにでも挑戦したい気持ちがすごく高まってる。多分、2010年は、映画やドラマで主演をまかせてもらえたり、映画の吹き替えの声優をやったり、ラジオのパーソナリティーとか、とにかくいろんなお仕事をさせてもらったからだと思う。それぞれ違った楽しさがあって、全部全然まだまだで。やっと最近、私はモデルですって言えるようになったけど、でも、女優ですとはもちろんまだ全然思えない。だからもっともっとやってみたい。できないことはしなかったキリタニは、たぶん、もういません！ できないからやりたい。21歳、けっこうオトナだし、可能性は自分で切り開いていかなくちゃって思ってる。そして、大それた言い方かもしれないけど、今まで支えてくれた人たちに恩返しをしたいって気持ちがすごくあるのね。で、その方法は、やっぱ頑張ってる姿を見せる！ことかな。この単行本もその1つになるといいな。

これから自分がどうなっていくか、すっごい楽しみ。ま、どういう方向に成長していこうと、セブンティーンが美玲の永遠のホームってのは変わんないんだけどね♡

よんでくださったみなさまへ

まさかです、まさかでした。「美玲さんの生活。」が2冊目の本をだせるなんて。
今、この本を手に取って読んでくれているみなさん、ありがとうございます♡♡
前作から1年半たって、キリタニは21才になりました。
まだまだ子どもでいたい自分と 早く大人になりたい自分とがいて
そんな気分の私をナチュラルにつめこみました。
さらにさらにいろんな私をみせられたんじゃないかなーって思ってます。
この本は、何でできてるかっていうと"愛"だと思うんです。

応援してくれるみなさんの愛、
ずーっと一緒にやって
くれているスタッフさん達の愛、
もちろん私の愛。
この本にはそんな愛がたくさん
つまってます。そんな
たーくさんの愛に包まれて
笑顔でいられる私は
本当に幸せ。
ありがとう なんて言葉じゃ
全然たりないけど…
でもやっぱり、ありがとう。

大好きなみなさんへ
桐谷美玲

Staff

モデル・手描き文字／桐谷美玲

撮影／堀内亮(Cabraw)

スタイリスト／西村育子

ヘア&メイク／間隆行(roraima)

メキシコ現地コーディネーター／吉田武人

プロップスタイリスト／SAKURA(Lucky Star)[P84-95]

デザイン／下込純子(Beeworks)

制作進行／松下延樹

編集／成見玲子

エグゼクティブプロデューサー／岡田直弓(スウィート パワー)

アーティストマネージメント／山川佳苗(スウィート パワー)

協力／スウィート パワー ©Sweet Power Publication

メキシコ観光局

SOULEIADO(サンヒット)[P1、P17、P31、P112]

デザイン進行管理／佐藤耕一、森友季子(Beeworks)

撮影アシスタント／柴田智則

ロケバス／山下健太郎(Tyrrell!)

衣装製作／西村由美子[P84-87]

物撮影／田淵佳恵

Location

The Royal in Cancun(ロイヤル・イン・カンクン)
http://www.realresorts.com

Hyatt Regency Cancun(ハイアット・リージェンシー・カンクン)
http://www.cancun.regency.hyatt.com

デザイン・フェスタ・オフィス

Special Thanks(連載再録分)

ヘア&メイク／今井貴子 松岡奈央子 犬木愛(agee)
中村未幸、大島清子(roraima) 酒井真弓
スタイリスト／小松未季(ROOSTER) 着付け／奥泉智恵

衣装協力(五十音順)

ISBIT arl.(rich) アルバローザ ジャパン イーボル WEGO Vivica Style
SBY渋谷109店 エミリーテンプル キュート オンワード樫山(Dolly Girl by ANNA SUI)
ココディール 三愛水着楽園 サンタモニカラフォーレ原宿店 snidelルミネ新宿店
Smaddyラフォーレ原宿店 SOL w♥cヘッドオフィス
バロックジャパンリミテッド(RODEO CROWNS) フリドメール MERCURYDUO
MILK ライトオン(Letter BACK NUMBER) Little Trip to Heaven

桐谷美玲単行本
美玲さんの生活。super!

2011年1月31日　第1刷発行
2014年6月8日　第6刷発行

著　者：桐谷美玲
発行人：石渡孝子
発行所：株式会社 集英社
〒101-8050　東京都千代田区一ツ橋2-5-10
TEL03･3230･6241(編集部)
TEL03･3230･6393(販売部)
TEL03･3230･6080(読者係)

本文製版：株式会社Beeworks
カバー製版：大日本印刷株式会社

印刷・製本：大日本印刷株式会社

Printed in JAPAN

ISBN978-4-08-780593-2　C0072
定価はカバーに表示してあります。